茶经

〔唐〕陆羽 著
南南 译
包旭 绘

中国旅游出版社

责任编辑：王欣艳 胡一鸣
责任印制：冯冬青
装帧设计：缤纷科技

图书在版编目（CIP）数据

茶经 / (唐) 陆羽著 ; 南南译 ; 包旭绘. -- 北京 : 中国旅游出版社, 2022.01
(古人的美好生活系列)
ISBN 978-7-5032-6817-5

Ⅰ. ①茶… Ⅱ. ①陆… ②南… ③包… Ⅲ. ①茶文化-中国-古代 Ⅳ. ①TS971.21

中国版本图书馆 CIP 数据核字(2021)第 194414 号

书　名：茶经

作　者：〔唐〕陆羽 著 南南 译 包旭 绘
出版发行：中国旅游出版社（北京静安东里 6 号 邮编：100028）
http://www.cttp.net.cn E-mail: cttp@mct.gov.cn
营销中心电话：010-57377108 010-57377109
读者服务部电话：010-57377151
排　版：缤纷科技
经　销：全国各地新华书店
印　刷：北京工商事务印刷有限公司
版　次：2022 年 1 月第 1 版 2022 年 1 月第 1 次印刷
开　本：787 毫米 × 1092 毫米 1/32
印　张：6.5
字　数：90 千
定　价：60.00 元
I S B N 978-7-5032-6817-5

目录

陆文学自传

睡起山齋渴思
長呼童煎茗滌
枯腸軟塵落碾
龍團綠活水翻
鐺蟹眼黃耳底
雷鳴輕着韻鼻
端風過細聞
香一甌洗得
双瞳豁飽翫
苕溪雲水鄉
窺斑

陆羽烹茶图（局部） 元·赵原

陆子，名羽，字鸿渐，不知何许人也。或云字羽，名鸿渐。未知孰是。

有仲宣、孟阳之貌陋，而有相如、子云之口吃。而为人才辩，为性褊躁，多自用意。朋友规谏，豁然不惑。凡与人燕处，意有所适，不言而去。人或疑之，谓生多嗔。又与人为信，纵冰雪千里、虎狼当道，而不愆也。

译文

陆先生，名羽，字鸿渐，不知道是哪里人。有人说他字羽，名鸿渐。不知道这两个说法哪个对。

陆羽长着像东汉王粲、西晋张载一样丑陋的相貌，还有像西汉司马相如、扬雄一样的口吃。他为人机智、善于言辞，气量小、性情急躁，遇事时大多自己做主。朋友们规劝，他就心胸开阔、没有疑惑。凡是与别人闲处，心里想到别的地方去，往往不说一声就离开了。有人怀疑他，说他天性多怒。另外，他与别人有约定，即使有千里冰雪、虎狼挡道，也不会耽误。

上元初，结庐于苕溪之湄。闭关读书，不杂非类，名僧高士，谈宴永日。常扁舟往山寺，随身唯纱巾、藤鞋、短褐、犊鼻。往往独行野中，诵佛经，吟古诗，杖击林木，手弄流水，夷犹徘徊，自曙达暮至日黑，兴尽号泣而归。故楚人相谓："陆子盖今之接舆也。"

译文

唐肃宗上元初年（760），陆羽在苕溪（在今浙江湖州）边建了一座房屋。他闭门读书，不与非志同道合的人相处，而与名僧、隐士整天喝酒谈论。他时常乘小船到山中的寺院，随身只带着纱巾、藤鞋、粗麻衣服、短裤。他往往独自走在野外，朗读佛经，吟咏古诗，用手杖敲打树木，用手拨弄流水，从容不迫、不舍离去，从早晨一直到傍晚、天黑，兴致尽了后号啕大哭着回去。所以楚地的人相互传说：“陆先生大概是当今的楚狂接舆吧。”

始三岁，惸露，育于竟陵太师积公之禅。九岁学属文，积公示以佛书出世之业。子答曰：“终鲜兄弟，无复后嗣，染衣削发，号为释氏，使儒者闻之，得称为孝乎？羽将授孔氏之文。”公曰：“善哉！子为孝，殊不知西方染削之道，其名大矣。”公执释典不屈，子执儒典不屈。

译文

陆羽三岁时，穿着很少的衣服被遗弃，被收养在竟陵（今湖北天门）太师积公的寺院里。他九岁时学习写文章，积公给他看佛经中有关脱离人世束缚的书籍。他回答说：“我总归没有兄弟，也没有后代，穿僧衣、剃头发，号称为和尚，让信奉儒学的人听说这种情况，能称为孝吗？我将接受孔子的文章。”积公说：“好啊！你想行孝，你根本不知道做僧人的道理，它的学问大着呢。”积公坚持让陆羽学习佛教典籍的主意不改变，陆羽坚持学习儒家典籍不动摇。

公因矫怜抚爱，历试贱务：扫寺地，洁僧厕，践泥圬墙，负瓦施屋，牧牛一百二十蹄。

译文

积公改变过去对陆羽的爱护、照料，多次用卑贱的工作考验他：打扫寺院的地面，清洁僧人的厕所，用脚踩泥涂抹墙壁，背瓦盖屋顶，放三十头牛。

竟陵西湖，无纸学书，以竹画牛背为字。他日，于学者得张衡《南都赋》，不识其字，但于牧所仿青衿小儿，危坐展卷，口动而已。公知之，恐渐渍外典，去道日旷，又束于寺中，令芟剪卉莽，以门人之伯主焉。

译文

陆羽住在竟陵的西湖边，学习写字没有纸，就用竹子在牛背上写字。有一天，从一位读书人那里得到张衡的《南都赋》，但不认识里面的字，只得在放牧的地方模仿小学生，端正地坐着，展开书卷，只是嘴巴动假装读书罢了。积公知道了这件事，担心他受到佛经以外典籍的影响，离

佛教的教义一天比一天远，就又把他限制在寺院里，让他修剪草木，并让徒弟中有声望的人管教他。

或时心记文字，懵然若有所遗，灰心木立，过日不作。主者以为慵惰，鞭之。因叹云："恐岁月往矣，不知其书。"呜咽不自胜。主者以为蓄怒，又鞭其背，折其楚，乃释。因倦所役，舍主者而去。

译文

有时候，陆羽心里记着书中的文字，精神恍惚，像丢了什么一样，心如死灰，呆呆地站着，长时间不干活。管教的人以为他懒惰，就用鞭子打他。陆羽于是感叹说："恐怕时光流逝，不理解书。"伤心得低声哭泣，不能自已。管教的人以为陆羽怀恨在心，又用鞭子打他的背，直到折断鞭杆才停止。陆羽因为厌倦所服的劳役，丢下管教的人而离去。

卷衣诣伶党，著《谑谈》三篇，以身为伶正，弄木人“假吏藏珠”之戏。公追之曰：“念尔道丧，惜哉！吾本师有言：‘我弟子十二时中，许一时外学，令降伏外道也。’以吾门人众多，令从尔所欲，可捐乐工书。”

译文

陆羽收拾好行李，投奔了戏班，写了三篇《谑谈》，把自己当作伶人参加演出，表演木偶“假官藏珠”的戏曲。积公追来，对陆羽说：“想到你佛道丧失，可惜啊！我的祖师曾经说：‘我的弟子在十二个时辰中，允许用一个时辰学习佛教以外的知识，让他们驯服佛教之外的道理。’因为我的弟子众多，就让你按照你的愿望做吧，可以抛掉乐工书了。”

天宝中，郢人酺于沧浪，邑吏召子为伶正之师。时河南尹李公齐物黜守，见异，提手抚背，亲授诗集，于是汉沔之俗亦异焉。

译文

唐玄宗天宝年间，楚地人在沧浪水边聚会宴饮，地方官吏召见陆羽，任命他为伶人的老师。当时河南尹李齐物被贬为竟陵太守，见到陆羽，认为他不同寻常，拉着他的手，拍着他的背，亲手把自己的诗集送给他，于是汉水、沔水地区的风俗也就不同了（意思是陆羽影响了当地的礼乐文化）。

山石高士图（局部） 明·文徵明

后负书于火门山邹夫子别墅，属礼部郎中崔公国辅出竟陵，因与之游处，凡三年，赠白驴、乌犎牛一头，文槐书函一枚。白驴、乌犎，襄阳太守李憕见遗；文槐函，故卢黄门侍郎所与。此物皆已之所惜也，宜野人乘蓄，故特以相赠。

译文

后来陆羽背着书来到火门山（今称天门山）邹先生的别墅，恰好遇到礼部郎中崔国辅被贬出京，到竟陵担任司马，于是与他交游，共三年，获赠白驴、乌犎牛各一头，用槐木制作、刻有花纹的书套一枚。白驴、乌犎牛，由襄阳太守李憕赠送；用槐木制作、刻有花纹的书套，由已去世的卢姓黄门侍郎赠送。这些物品都是自已所爱惜的，适合隐士骑坐、收藏，所以特地赠送。

洎至德初，秦人过江，子亦过江，与吴兴释皎然为缁素忘年之交。

少好属文，多所讽谕。见人为善，若己有之；见人不善，若己羞之。苦言逆耳，无所回避，由是俗人多忌之。

㊦㊧

到唐肃宗至德初年（756），北方的人渡过长江，陆羽也渡过长江，与吴兴的僧人释皎然成为僧俗忘年之交。

陆羽从小喜欢写文章，讽谕之词比较多。看到别人做好事，就像自己也做了好事；看到别人做不好的事，就像自己也做了不好的事而害羞。忠言逆耳，没有回避，所以世俗的人大多忌恨他。

自禄山乱中原，为《四悲诗》；刘展窥江淮，作《天之未明赋》。皆见感激当时，行哭涕泗。著《君臣契》三卷，《源解》三十卷，《江表四姓谱》八卷，《南北人物志》十卷，《吴兴历官记》三卷，《湖州刺史记》一卷，《茶经》三卷，《占梦》上、中、下三卷，并贮于褐布囊。上元年辛丑岁子阳秋二十有九日。

译文

自从安禄山在中原作乱，陆羽写了《四悲诗》；刘展在江淮地区造反，陆羽写了《天之未明赋》。这两篇作品都是受当时的情况感动激发，陆羽痛哭流涕。陆羽著有《君臣契》三卷，《源解》三十卷，《江表四姓谱》八卷，《南北人物志》十卷，《吴兴历官记》三卷，《湖州刺史记》一卷，《茶经》三卷，《占梦》上、中、下三卷，一起收藏在粗布袋中。唐肃宗上元二年（761），陆羽年龄二十九岁。

一之源

茶者，南方之嘉木也。一尺、二尺乃至数十尺。其巴山峡川有两人合抱者，伐而掇之。

㊂㊂译文

茶树，是南方的优良树木。它高一尺、二尺，甚至几十尺。茶树在巴山山峡有粗到两人合抱的，砍下枝条才能采摘到芽叶。

其树如瓜芦，叶如栀子，花如白蔷薇，实如栟榈，蒂如丁香，根如胡桃。

（〔原注〕瓜芦木，出广州，似茶，至苦涩。栟榈，蒲葵之属，其子似茶。胡桃与茶，根皆下孕，兆至瓦砾，苗木上抽。）

译文

茶树的树像瓜芦，叶子像栀子，花像白蔷薇，种子像棕榈，果柄像丁香，根像胡桃。

（〔原注〕瓜芦木，出自广州，像茶，极其苦涩。棕榈，是蒲葵一类的植物，它的种子像茶。胡桃与茶，根都在地下孕育滋生，将地面撑成瓦砾状的裂纹之后，幼株向上生长。）

其字，或从草，或从木，或草木并。

（〔原注〕从草，当作“茶”，其字出《开元文字音义》。从木，当作“㮊”，其字出《本草》。草木并，作“荼”，其字出《尔雅》。）

译文

“茶”字，有的采取草部，有的采取木部，有的同时采取草部、木部。

（〔原注〕采取草部，写作“茶”，这个字出自《开元文字音义》。采取木部，写作“㮊”，这个字出自《本草》。同时采取草部、木部，写作“荼”，这个字出自《尔雅》。）

其名，一曰茶，二曰槚，三曰蔎，四曰茗，五曰荈。

（〔原注〕周公云：“槚，苦荼。”扬执戟云：“蜀西南人谓茶曰蔎。”郭弘农云：“早取为茶，晚取为茗，或一曰荈耳。”）

译文

茶的名称有五种：一称茶，二称槚，三称蔎，四称茗，五称荈。

（〔原注〕周公说：“槚，就是苦荼。”扬雄说：“蜀地西南地区的人把茶叫作蔎。”郭璞说：“早上摘取叫作茶，晚上摘取叫作茗，也有一种说法叫荈。”）

其地，上者生烂石，中者生栎壤，下者生黄土。

凡艺而不实，植而罕茂。法如种瓜，三岁可采。

野者上，园者次。阳崖阴林，紫者上，绿者次；笋者上，芽者次；叶卷上，叶舒次。阴山坡谷者，不堪采掇，性凝滞，结瘕疾。

译文

茶生长的土地，上等的是夹有岩石充分风化成碎末的肥沃土壤，中等的是夹有沙砾的土壤，下等的是黄色黏土。

凡是种植技术不符合实际的，茶树种植后很少长得茂盛。茶树种植的方法像种瓜一样，种植后三年就能采摘。

茶叶的品质，山野的是上等，园圃的是次等。生长在南面山崖、茂密树林下的茶树，紫色的是上等，绿色的是次等，芽尖的是上等，有芽带叶的是次等，叶卷起来的是上等，叶展开的是次等。生长在北面山坡、山谷的茶树，不值得采摘，它性质聚结，会导致腹中结块的疾病。

湖山春暖图（局部） 清·恽寿平

茶之为用，味至寒；为饮，最宜精行俭德之人。若热渴、凝闷、脑疼、目涩、四支烦、百节不舒，聊四五啜，与醍醐、甘露抗衡也。采不时，造不精，杂以卉莽，饮之成疾。

译文

茶作为辅助，性质最寒；用来饮用，最适合行为严谨、德行节约的人。如果热渴、气结胸闷、头疼、眼涩、四肢不安、关节不舒展，姑且喝四五口，效果与醍醐（一种乳制品）、甘露不相上下。采摘不适时，制造不精细，夹杂其他草木叶，喝了就会生病。

茶为累也，亦犹人参。上者生上党，中者生百济、新罗，下者生高丽。有生泽州、易州、幽州、檀州者，为药无效。况非此者。设服荠苨，使六疾不瘳。知人参为累，则茶累尽矣。

译文

茶的品种、品质、产地等多样，就像人参。上等的人参出产于上党（今山西长治），中等的出产于百济（朝鲜半岛古国）、新罗（朝鲜半岛古国），下等的出产于高丽（朝鲜半岛古国）。有出产于泽州（今山西晋城）、易州（今河北易县）、幽州（今河北、天津、北京部分地区）、檀州（今北京密云区）的，作为药，没有疗效。更何况不如它们的呢！假使把荠苨当作人参服用，会导致疾病不能痊愈。懂得人参品种、品质、产地等多样，就明白茶品种、品质、产地等多样了。

茶诗词

一

六羡歌

唐·陆羽

不羡黄金罍，不羡白玉杯。

不羡朝入省，不羡暮入台。

千羡万羡西江水，曾向竟陵城下来。

译文

不羡慕黄金制的罍，不羡慕白玉制的杯。

不羡慕早晨进省，不羡慕晚上进台。

千万般羡慕西江的流水，曾经向竟陵城下流来。

走笔谢孟谏议寄新茶

唐·卢仝

日高丈五睡正浓，军将打门惊周公。

口传谏议送书信，白绢斜封三道印。

开缄宛见谏议面，手阅月团三百片。

闻道新年入山里，蛰虫惊动春风起。

天子须尝阳羡茶，百草不敢先开花。

仁风暗结珠琲瓃，先春抽出黄金芽。

摘鲜焙芳旋封裹，至精至好且不奢。

至尊之余合王公，何事便到山人家?

柴门反关无俗客，纱帽笼头自煎吃。

碧云引风吹不断，白花浮光凝碗面。

一碗喉吻润，两碗破孤闷。

三碗搜枯肠，唯有文字五千卷。

四碗发轻汗，平生不平事，尽向毛孔散。

五碗肌骨清，六碗通仙灵。

七碗吃不得也，唯觉两腋习习清风生。

蓬莱山，在何处?

玉川子，乘此清风欲归去。

山上群仙司下土，地位清高隔风雨。

安得知百万亿苍生命，堕在巅崖受辛苦!

便为谏议问苍生，到头合得苏息否?

品茶图（局部） 明·陈洪绶（传）

译文

太阳已五丈高，睡意正浓，军将敲门把我从梦中惊醒。

口称是孟谏议派他送书信，包裹用白绢斜封加三道印。

打开书信就像见到孟谏议，用手翻看包裹有三百片茶饼。

听说每到新年茶农进山采茶，蛰伏之虫被惊动，春风吹起。

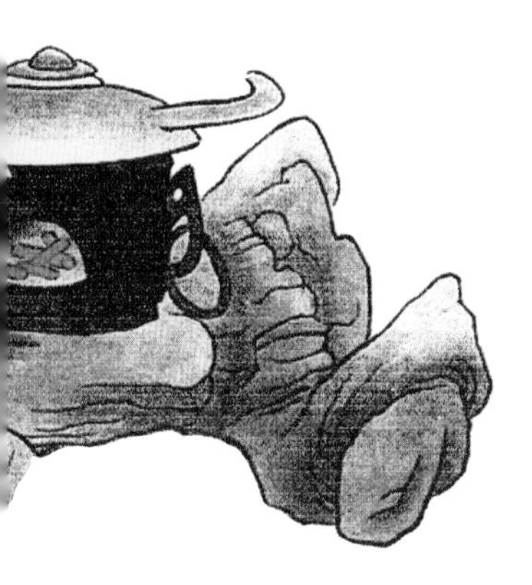

天子要品尝阳羡（今江苏常州）茶，百草不敢先于茶树开花。

和风吹来，茶树悄悄长出如珠玉般的蓓蕾，在春天之前抽出黄色的嫩芽。

摘下新鲜的茶芽烘焙旋即封裹，极精极好而且不奢侈。

供奉皇帝之余还献给王公，何故送到我这个山野之人的家里？

反关上柴门，屋里没有俗客，头戴纱帽给自己煮茶喝。

碧绿的茶汤引领着滚沸声，热气吹不完，细沫漂浮泛着光，凝聚在碗面。

第一碗湿润唇喉，第二碗去除孤

独苦闷。

第三碗搜索枯肠，只留下文字五千卷。

第四碗发出微汗，一生中不公平的事，都从毛孔向外散发。

第五碗心中清澄，第六碗与仙人的灵气相通。

第七碗喝不得，只觉得两腋下清凉的风轻轻地吹。

蓬莱山，在哪里？

我玉川子，要乘这清凉的风飞向仙山。

山上群仙掌管人间，位置高贵与风雨隔开。

怎么知道有千百万百姓的生命，堕在悬崖承受辛苦！

顺便替孟谏议询问百姓，到头来能不能得到喘息？

二之具

籝（〔原注〕加追反），一曰篮，一曰笼，一曰筥。以竹织之，受五升，或一斗、二斗、三斗者，茶人负以采茶也。

（〔原注〕籝，《汉书》音盈，所谓“黄金满籝，不如一经”。颜师古云：竹器也，受四升耳。）

译文

籝（〔原注〕读音用“加”“追”反切），又叫篮，又叫笼，又叫筥。它是用竹编织的，容积五升，也有一斗、二斗、三斗的，是采茶的人背着采茶用的。

（〔原注〕籝，《汉书》上读音为盈，即“黄金满籝，不如一经”。颜师古注释说：“籝是一种用竹子编制的器具，容积四升。”）

灶，无用突者。

釜，用唇口者。

译文

灶，不要用有烟囱的。

锅，用锅口凸起一道厚边的。

甑，或木，或瓦。匪腰而泥。篮以箄之。篾以系之。

始其蒸也，入乎箄。既其熟也，出乎箄。

釜涸，注于甑中（〔原注〕甑不带而泥之）。

又以榖木枝三亚者制之，散所蒸牙笋并叶，畏流其膏。

译文

甑，有木制的，有泥土制的。不使用甑腰（一种封住甑与锅接合部的器具），用泥封（甑与锅的接合部）。用竹篮作盛茶叶的器具（放在甑里蒸），把竹片系在上面（方便放进甑里和取出来）。

开始蒸的时候，将茶叶放到竹篮里。等到茶叶熟了，从竹篮里倒出来。

锅里的水煮干了，将水从甑里加进去（〔原注〕因为甑没用甑腰而用的泥封）。

再用三杈的楮树枝翻拌，把蒸后的茶芽及茶叶摊开，防止茶汁流走。

杵臼，一曰碓，惟恒用者佳。

规，一曰模，一曰棬，以铁制之，或圆或方或花。

译文

杵臼，又叫碓，只有经常使用的才好。

规，又叫模，又叫棬，用铁制成。有的是圆形，有的是方形，有的是花形。

承，一曰台，一曰砧，以石为之。不然，以槐、桑木半埋地中，遣无所摇动。

檐，一曰衣，以油绢或雨衫、单服败者为之。

以檐置承上，又以规置檐上，以造茶也。茶成，举而易之。

译文

承，又叫台，又叫砧，用石头制成。如果不用石头制，就用槐树、桑树做，把下半部分埋进土里，使它不摇动。

檐，又叫衣，用光滑的丝织品或穿坏了的雨衣、单衣制成。

把檐放在承的上面，再把规放在檐的上面，用来压制饼茶。饼茶压制好后，拿起来，再压制下一个。

芘莉（〔原注〕音杷离），一曰篇子，一曰筹筤。以二小竹长三赤，躯二赤五寸，柄五寸，以篾织方眼。如圃人土罗，阔二赤，以列茶也。

棨，一曰锥刀。柄以坚木为之，用穿茶也。

译文

芘莉（〔原注〕读“杷离”音），又叫篇子，又叫筹筤。用两根各长三尺的小竹竿，制成身长二尺五寸，宽二尺，手柄长五寸，用篾编织成方眼的芘莉。它像种植果木、蔬菜的人用来筛土的筛子，用来放置饼茶。

棨，又叫锥刀。柄用硬木制成，用来给饼茶穿洞眼。

扑，一曰鞭。以竹为之，穿茶以解茶也。

焙，凿地深二尺，阔二尺五寸，长一丈，上作短墙，高二尺，泥之。

译文

扑，又叫鞭。用竹子制成，用来把茶饼穿成串，以便搬运。

焙茶，在地上挖深二尺、宽二尺五寸、长一丈的坑，上面砌矮墙，高二尺，用泥抹平整。

品茶图（局部） 明·文徵明

贯，削竹为之，长二尺五寸，以贯茶焙之。

棚，一曰栈。以木构于焙上，编木两层，高一尺，以焙茶也。茶之半干，升下棚；全干，升上棚。

译文

贯，用竹子削制而成，长二尺五寸，用来穿饼茶烘培。

棚，又叫栈。用木材做成架子，放在焙的上面；将架子做成上、下两层，高一尺，用来烘焙饼茶。饼茶半干时，放到下层；全干时，放到上层。

穿（〔原注〕音钏），江东、淮南剖竹为之，巴川、峡山纫榖皮为之。

江东以一斤为上穿，半斤为中穿，四两、五两为小穿。峡中以一百二十斤为上穿，八十斤为中穿，五十斤为小穿。

穿字旧作钗钏之“钏”字，或作贯串。今则不然。如磨、扇、弹、钻、缝五字，文以平声书之，义以去声呼之。其字以穿名之。

译文

穿（〔原注〕读“钏”音），江南、淮南的人把竹子剖成篾做穿，巴川、峡山的人用楮树皮搓绳做穿。

江南的人把一斤（十六两制）饼茶称为“上穿”，把半斤饼茶称为“中穿”，把四两、五两饼茶称为“下穿”。峡中的人把一百二十斤饼茶称为“上穿”，把八十斤饼茶称为“中穿”，把五十斤饼茶称为“小穿”。

“穿”字，过去当作钗钏的“钏”字，或当作贯串。现在则不是这样。例如，“磨”“扇”“弹”“钻”“缝”五个字，字形按读平声的字形写，意思按读去声的意思讲。“钏”这个字，（现在）用“穿”表示（意思按读“钏”的意思讲）。

育，以木制之，以竹编之，以纸糊之。

中有隔，上有覆，下有床，傍有门，掩一扇。

中置一器，贮煻煨火，令熅熅然。江南梅雨时焚之以火。（〔原注〕育者，以其藏养为名。）

㊟译文

育，用木制作框架，用竹篾编织，用纸裱糊。

中间有间隔，上面有盖子，下面有托盘，旁边有门，关上一扇（开一扇）。

中间放置一个器皿，盛放带火的热灰，用微弱的火。江南梅雨时节，烧出明火。（〔原注〕育这个器具，是用它储存、保养饼茶的功能来命名的。）

茶诗词

二

答族侄僧中孚赠仙人掌茶

唐·李白

常闻玉泉山，山洞多乳窟。

仙鼠如白鸦，倒悬清溪月。

茗生此中石，玉泉流不歇。

根柯洒芳津，采服润肌骨。

丛老卷绿叶，枝枝相接连。

曝成仙人掌，似拍洪崖肩。

举世未见之，其名定谁传。

宗英乃禅伯，投赠有佳篇。

清镜烛无盐，顾惭西子妍。

朝坐有余兴，长吟播诸天。

雀山茶图 宋·佚名

译文

常常听说玉泉山上，有很多石钟乳从生的洞窟。

里面的蝙蝠像白鸦，倒悬栖息，看清溪中映着的明月。

茶就生长在这座山中的石崖上，清澈的泉水流淌不停。

甘甜的泉水浇灌茶树的根枝，采摘饮用滋润肌骨。

丛丛老茶树，绿叶卷曲，枝和枝相连接。

晒成仙人掌一样的茶饼，像能用它拍仙人洪崖的肩膀。

整个世间没有见过这种茶，谁给它起名让它流传呢？

你是宗族中杰出的人，是有道的僧人，还有优美的诗作一起赠送给我。

你的诗篇如西施般美丽，像明镜照出我这个无盐丑女，自顾惭愧。

早晨坐聊，兴致未尽，吟咏诗篇，声传天空。

西山兰若试茶歌

唐·刘禹锡

山僧后檐茶数丛，春来映竹抽新茸。

宛然为客振衣起，自傍芳丛摘鹰觜。

斯须炒成满室香，便酌砌下金沙水。

骤雨松风入鼎来，白云满碗花徘徊。

悠扬喷鼻宿醒散，清峭彻骨烦襟开。

阳崖阴岭各殊气，未若竹下莓苔地。

炎帝虽尝不解煎，桐君有录那知味。

新芽连拳半未舒，自摘至煎俄顷余。

木兰沾露香微似，瑶草临波色不如。

僧言灵味宜幽寂，采采翘英为嘉客。

不辞缄封寄郡斋，砖井铜炉损标格。

何况蒙山顾渚春，白泥赤印走风尘。

欲知花乳清泠味，须是眠云跂石人。

译文

山中寺庙后面有数丛茶树，春天来的时候抽出嫩芽，与竹子相映成趣。

好像为了客人整理衣服起身，自己来到茶树旁采摘茶芽。

片刻间茶炒好，满屋飘香，就舀取金沙泉水倒在鼎里烧。

水沸像骤雨袭来、松涛阵阵；冲入碗中，满碗雾气如白云，茶沫如花飘荡。

香味连绵不断，扑鼻而来，宿醉清醒，清越俊逸透进骨头里，烦闷的心情一扫而空。

山南山北的茶叶各有不同的气味，比不上竹林下青苔地上长的茶叶。

炎帝虽然尝过茶，但不懂煮茶；桐君虽然记录过茶，但哪里知道茶的味道。

新鲜的茶芽卷曲着，一半没有展开；从采摘到煮，只有片刻的时间。

带着露水的木兰的香味略微像茶香，水边仙草的颜色比不上茶叶。

僧人说美妙的味道应该在幽雅

寂静中体会；茶叶采了又采，是为了贵客。

没有拒绝封裹好茶叶寄到郡守的府第，用砖井水铜炉烧损伤茶的品格。

何况蒙顶山（在今四川雅安）、顾渚山（在今浙江湖州）的春茶，用白泥红印封上经过长途运输，也会受损。

想知道茶汤清爽的味道，必须是睡在云间、坐在石上的人。

三之造

凡采茶，在二月、三月、四月之间。

茶之笋者，生烂石沃土，长四五寸，若薇蕨始抽。凌露采焉。

茶之牙者，发于丛薄之上。有三枝、四枝、五枝者，选其中枝颖拔者采焉。

其日有雨不采，晴有云不采。

晴，采之，蒸之，捣之，拍之，焙之，穿之，封之，茶之干矣。

译文

凡是采茶，都在二月、三月、四月（唐朝历法）间。

茶的芽尖，生长于夹有岩石充分风化成碎末的肥沃土壤里的茶树上，长达四五寸，像刚刚长出来的薇菜、蕨菜。清晨芽尖带着露水时采摘。

茶的芽叶，生长于杂草丛生的茶树上。有三片、四片、五片芽叶的，挑选其中长得秀逸挺拔的采摘。

当天有雨不采摘，晴天有云不采摘。

晴天时，采摘茶，将采摘的茶蒸熟、捣碎、拍压、焙干、穿成串、密封，饼茶就能保持干燥。

茶有千万状。卤莽而言，如胡人靴者，蹙缩然（〔原注〕京锥文也）；犎牛臆者，廉襜然；浮云出山者，轮囷然；轻飚拂水者，涵澹然。有如陶家之子罗，膏土以水澄泚之（〔原注〕谓澄泥也）。又如新治地者，遇暴雨流潦之所经。此皆茶之精腴。

有如竹箨者，枝干坚实，艰于蒸捣，故其形籭簁然（〔原注〕上离下师）。有如霜荷者，至叶凋沮，易其状貌，故厥状委萃然。此皆茶之瘠老者也。

译文

饼茶的形状多种多样。粗略地说，有的像（唐朝）胡人的靴子，皱缩的样子（〔原注〕用大锥子刻的纹）；有的像野牛的胸部，有褶皱的样子；有的像浮云出山，盘旋曲折的样子；有的像轻风吹拂水面，有波纹的样子。有的像制陶的人用筛子筛出细土，再用水沉淀出的泥膏那样细腻光滑（〔原注〕这就是所谓的澄洗细泥）。有的又像新平整的土地，遇到暴雨流水冲刷而高低不平。这些都是精美的饼茶。

有的叶像竹笋壳，茎梗坚硬，难以蒸、捣，所以用它制成的饼茶形状像竹筛（〔原注〕“籭”读“离”音，“簁”读“师”音）。有的像经过霜打的荷叶，叶子凋零枯败，变了样子，所以制成的饼茶外观干枯。这些都是坏茶、老茶。

柳荫品茶图（局部） 清·佚名

自采至于封，七经目。自胡靴至于霜荷，八等。

或以光黑平正言嘉者，斯鉴之下也；以皱黄坳垤言佳者，鉴之次也；若皆言嘉及皆言不嘉者，鉴之上也。

何者？出膏者光，含膏者皱；宿制者则黑，日成者则黄；蒸压则平正，纵之则坳垤。此茶与草木叶一也。

茶之否臧，存于口诀。

译文

从采摘到封装，经过七道工序。从像胡人靴子皱缩的样子，到类似经过霜打的荷叶枯败的样子，共八个等级。

有的人把光亮、黑色、平整当作好的，这是下等的鉴别方法；把皱缩、黄色、高低不平当作好的，这是次等的鉴别方法；如果能指出好的原因，以及指出不好的原因，才是上等的鉴别方法。

为什么呢？因为出了茶汁的就光亮，含着茶汁的就皱缩；过了夜制成的就黑，当天制成的就黄；蒸后压得紧的就平整，任其自然的就高低不平。这是茶与其他草木叶子一样的特点。

茶好坏的鉴别方法，有一套口头传授的秘诀。

茶诗词

送陆鸿渐山人采茶回

唐·皇甫曾

千峰待逋客，香茗复丛生。

采摘知深处，烟霞羡独行。

幽期山寺远，野饭石泉清。

寂寂燃灯夜，相思一磬声。

译文

数座山峰在等待避世之人，飘香的茶树长得一丛又一丛。

采摘茶叶才知道山林深处，烟雾云霞都羡慕你独自行走。

约定在远离山寺之处隐居，吃粗淡的农家饭食，山泉清澈。

夜里点燃灯烛，寂静孤冷，一声钟磬响起，勾起思念之情。

竹炉山房图（局部） 明·沈贞

品令·茶词

北宋·黄庭坚

凤舞团团饼。

恨分破，教孤令。

金渠体净，只轮慢碾，玉尘光莹。

汤响松风，早减了、二分酒病。

味浓香永。醉乡路，成佳境。

恰如灯下，故人万里，归来对影。

口不能言，心下快活自省。

译文

饼茶上凤凰团团飞舞。

怨恨将饼茶剖开碾碎，让凤凰孤独。

金属制的茶碾干干净净，用唯一的堕轮慢慢地碾，茶末像玉一样光洁晶莹。

茶汤沸响如松涛阵阵，已经将醉意减除了两分。

茶汤味道浓郁，香气持久。陶醉在饮茶过程中，进入美好的境界。

正像一个人在灯下，朋友从万里之外到来，面对面重逢。

此意不可言传，饮者自己心里知道是高兴快活。

移竹图（局部） 明·仇英

四之器

风炉（〔原注〕灰承）

风炉，以铜铁铸之，如古鼎形。厚三分，缘阔九分，令六分虚中，致其杇墁。

凡三足，古文书二十一字：一足云“坎上巽下离于中”，一足云“体均五行去百疾”，一足云“圣唐灭胡明年铸”。

其三足之间设三窗。底一窗，以为通飙漏烬之所。上并古文书六字：一窗之上书“伊公”二字，一窗之上书“羹陆”二字，一窗之上书“氏茶”二字，所谓“伊公羹陆氏茶”也。

置墆埭于其内，设三格：其一格有翟焉，翟者，火禽也，画一卦曰离；其一格有彪焉，彪者，风兽也，画一卦曰巽；其一格有鱼焉，鱼者，水虫也，画一卦曰坎。巽主风，离主火，坎主水。风能兴火，火能熟水，故备其三卦焉。

其饰以连葩、垂蔓、曲水、方文之类。

其炉或锻铁为之，或运泥为之。

其灰承作三足铁柈，柗之。

译文

风炉，用铜或铁铸成，像古鼎的样子。它的壁厚三分，风炉口上的边缘九分，让多出的六分向里，从而留出六分厚的空间，抹上泥。

风炉的下方有三只脚，用古文字体（金文、篆文之类）铸二十一个字：一只脚上写“坎上巽下离于中”（上卦为坎，下卦为巽，中卦为离），一只脚上写“体均五行去百疾”（身体五行调和，不生各种疾病），一只脚上写“圣唐灭胡明年铸”（大唐灭胡第二年铸造）。

在三只脚之间开三个窗口。风炉的底部有一个洞，用来通风漏灰。三个窗口的上方用古文字体铸六个字：一个窗口的上方铸“伊公”两个字，一个窗口的上方铸“羹陆”两个字，一个窗口的上方铸“氏茶”两个字，就是“伊公羹陆氏茶”。

在风炉里面放置储存碳的墆㙜，墆㙜的上面设置三个支架：一个支架有野鸡图形，野鸡是火禽，上面画一个离卦；一个支架有彪的图形，彪是风兽，上面画一个巽卦；一个支架上有鱼的图形，鱼是水虫，上面画一个坎卦。巽表示风，离表示火，坎表示水。风能使火烧旺，火能把水煮开，所以要有这三个卦。

风炉用连枝的花卉、垂下的枝蔓、弯曲的流水、方形的花纹等图案来装饰。

风炉的炉身有的用熟铁做，有的用泥做。

风炉接炉灰的灰承，是一个有三只脚的铁盘，托住整个炉子。

筥

筥，以竹织之，高一尺二寸，径阔七寸。或用藤。作木楦如筥形，织之。

六出固眼。其底盖若利箧口，铄之。

译文

筥，用竹子编成，高一尺二寸，直径七寸。有的用藤子编成。做一个像筥形的木箱子，用藤子编。

有六角形固定的眼。它的底和盖像装财物箱子的口，削磨光滑。

炭檛

炭檛，以铁六棱制之。长一尺，锐一，丰中。

执细头，系一小镊，以饰檛也。

若今之河陇军人木吾也。

或作锤，或作斧，随其便也。

译文

炭檛，用六棱形的铁棒制作。长一尺，头部尖，中间粗。

拿着细处的顶端，系一个小环，用来装饰檛。

它好像现在河陇地区（相当于今甘肃西部）的军人拿的“木吾”（木棒）。

有的做成锤形，有的做成斧形，随自己的方便。

火筴

火筴，一名筯，若常用者。圆直，一尺三寸，顶平截，无葱台、勾锞之属。以铁或熟铜制之。

译文

火筴，又叫箸，就是平常用的火钳。它的形状圆直，长一尺三寸，顶端平齐，没有葱台、勾锁之类的装饰。用铁或熟铜制成。

鍑（〔原注〕音辅，或作釜，或作鬴）

鍑，以生铁为之，今人有业冶者所谓急铁。其铁以耕刀之趄。

炼而铸之，内摸土而外摸沙。土滑于内，易其摩涤；沙涩于外，吸其炎焰。方其耳，以正令也；广其缘，以务远也；长其脐，以守中也。脐长，则沸中；沸中，则末易扬；末易扬，则其味淳也。

洪州以瓷为之，莱州以石为之。瓷与石皆雅器也，性非坚实，难可持久。用银为之，至洁，但涉于侈丽。雅则雅矣，洁亦洁矣，若用之恒，而卒归于银也。

译文

镀，用生铁制成，就是现在从事冶炼的人说的“急铁”。这样的铁，是用损坏的锄头、犁等农具为原材料。

冶炼、铸造镀时，里面抹泥，外面抹沙。里面抹泥，表面光滑，容易擦洗；外面抹沙，表面粗糙，容易吸收火焰的热。镀耳做成方的，让它保持端正；镀边做成宽的，让它伸展开；镀脐做成长的，使火焰保持在它的中心。镀脐长，水就在中心沸腾；在中心沸腾，茶沫容易上升；茶沫容易上升，茶的味道就醇厚。

洪州（今江西南昌）用瓷做镀，莱州（今山东莱州）用石做镀。瓷和石做成的都是雅致的器皿，质地不坚固，难以用得长久。用银做镀，非常清洁，但是过于奢侈华丽。雅致固然雅致，清洁也确实清洁，但如果从使用长久的角度来说，终究还是铁好。

交床

交床，以十字交之，剜中令虚，以支镀也。

译文

交床，是做成十字交叉的器物，把中间挖空，用来支撑镀。

夹

夹，以小青竹为之，长一尺二寸。令一寸有节，节已上剖之，以炙茶也。彼竹之筱，津润于火，假其香洁以益茶味。恐非林谷间莫之致。

或用精铁熟铜之类，取其久也。

译文

夹，用小青竹制成，长一尺二寸。让一端的一寸处有节，节以上的部分剖开，用来夹着饼茶在火上烤。那个夹的竹条嫩青，汁液经过火烤，其洁净香气可增加茶的味道。不在树林间、山谷中，恐怕弄不到这种小青竹。

有的用好铁、熟铜之类的制作，采用它们用得长久的好处。

纸囊

纸囊，以剡藤纸白厚者夹缝之，以贮所炙茶，使不泄其香也。

译文

纸袋，用又白又厚的剡藤纸（一种产自剡县的纸。剡县，今浙江嵊州）夹起来缝制而成，用来存放烤好的饼茶，使它的香气不散失。

山水图（局部） 清·萧云从

碾（〔原注〕拂末）

碾，以橘木为之，次以梨、桑、桐、柘为之。

内圆而外方。内圆，备于运行也；外方，制其倾危也。内容堕而外无余木。

堕，形如车轮，不辐而轴焉。长九寸，阔一寸七分。堕径三寸八分，中厚一寸，边厚半寸。轴中方而执圆。

其拂末以鸟羽制之。

译文

碾，用橘木制成，次等的用梨木、桑木、桐木、柘木制成。

碾槽里面圆，外面方。里面圆，方便运转；外面方，防止翻倒。碾槽的里面除了放一个堕之外，没有其他的东西。

堕，形状像车轮，只是没有车辐，有一根轴。轴长九寸，宽一寸七分。堕的直径三寸八分，当中厚一寸，边缘厚半寸。轴的中间是方的，手握的地方是圆的。

与碾配套的拂末，用鸟的羽毛制成。

罗合

罗末，以合盖贮之，以则置合中。

用巨竹剖而屈之，以纱绢衣之。

其合以竹节为之。或屈杉以漆之。高三寸（盖一寸，底二寸），口径四寸。

译文

用罗筛出茶末，放在盒子中盖好存放，把则（见下页文字）放在盒子中。

罗，用大竹剖开、弯曲制成，底部装上纱或绢。

盒子，用竹节制成。有的用杉木弯曲制成，漆上油漆。盒子高三寸（其中盖子高一寸，盒身高二寸），直径四寸。

则

则，以海贝、蛎、蛤之属。或以铜、铁、竹，匕、策之类。

则者，量也，准也，度也。凡煮水一升，用末方寸匕。若好薄者减之，嗜浓者增之。故云则也。

译文

则，用海中的贝壳、蛎、蛤之类的制成。或者用铜、铁、竹子做的匙子、策（片状物）之类的替代。

则，是用来取茶的工具，是确定标准的工具，是计算多少的工具。凡是烧一升的水，就用一“方寸匙子”的量取茶末。如果喜欢清淡的，就减少茶末；喜欢喝浓茶的，就增加茶末。因此这种用具被叫作则。

水方

水方，以椆木、槐、楸、梓等合之。其里并外、缝，漆之。受一斗。

译文

水方，用椆木、槐木、楸木、梓木等拼制而成。它的里面与外面、缝隙，都漆上漆。它的容量是一斗。

漉水囊

漉水囊，若常用者。

其格，以生铜铸之，以备水湿，无有苔、秽、腥、涩。意以熟铜苔、秽，铁腥、涩也。林栖谷隐者，或用之竹木。木与竹非持久涉远之具，故用之生铜。

其囊，织青竹以卷之，裁碧缣以缝之，纽翠钿以缀之。

又作绿油囊以贮之。圆径五寸，柄一寸五分。

译文

漉水囊，与通常使用的一样。

它的框架，用生铜铸造，以防止被水打湿，不产生铜绿、污垢、腥味、涩味。意思是用熟铜会产生铜绿、污垢，用铁会产生腥味、涩味。隐居在山林的人，有的用竹子或树木制作框架。树木、竹子制作的器具不能长久使用、不能携带远行，所以用生铜制作。

它的囊，用青竹篾丝编织、卷曲而成，裁剪绿绢缝在上面，系上翠钿作为装饰。

再制作一个绿色的油布口袋存放漉水囊。漉水囊的框架直径五寸，柄长一寸五分。

瓢

瓢，一曰牺杓，剖瓠为之。或刊木为之。晋舍人杜毓《荈赋》云：“酌之以匏。”匏，瓢也，口阔，胫薄，柄短。

永嘉中，余姚人虞洪入瀑布山采茗，遇一道士云：“吾丹丘子。祈子他日瓯牺之余，乞相遗也。”牺，木杓也，今常用，以梨木为之。

译文

瓢，又叫牺杓，用剖开的瓠瓜（葫芦）制成。有的削树木制成。西晋舍人（官名）杜毓在《荈赋》中说：“酌之以匏。”（用瓢舀取）匏，就是瓢，口宽，身薄，柄短。

永嘉（西晋怀帝年号）年间，余姚（今浙江余姚）人虞洪到瀑布山采茶，遇到一位道士。道士说：“我是丹邱子。希望你日后把瓯、牺中多余的茶，送给我喝。”牺，就是木杓（瓢），现在常用，用梨木制成。

竹筴

竹筴，或以桃、柳、蒲葵木为之，或以柿心木为之。长一尺，银裹两头。

译文

竹筴，有的用桃木、柳木、蒲葵木制成，有的用柿心木制成。它有一尺长，两头用银包裹。

煮茶图（局部） 元·王蒙

鹾簋（〔原注〕揭）

鹾簋，以瓷为之。圆径四寸，若合形。或瓶，或罍，贮盐花也。

其揭竹制，长四寸一分，阔九分。揭，策也。

译文

鹾簋，用瓷制成。它的直径四寸，像盒子的形状。有的用瓶子，有的用罍（小口坛子），存放盐。

与鹾簋配套的揭，用竹子制成，长四寸一分，宽九分。揭，就是策。

熟盂

熟盂，以贮熟水。或瓷，或沙，受二升。

译文

熟盂，用来存放开水。有的用瓷制成，有的用含沙的陶土制成，容量二升。

碗

碗，越州上，鼎州次，婺州次；岳州上，寿州、洪州次。

或者以邢州处越州上，殊为不然。若邢瓷类银，越瓷类玉，邢不如越一也。若邢瓷类雪，则越瓷类冰，邢不如越二也。邢瓷白而茶色丹，越瓷青而茶色绿，邢不如越三也。

晋杜毓《荈赋》所谓“器择陶拣，出自东瓯”。瓯，越也。瓯，越州上，口唇不卷，底卷而浅，受半升已下。

越州瓷、岳瓷皆青，青则益茶，茶作白红之色。邢州瓷白，茶色红。寿州瓷黄，茶色紫。洪州瓷褐，茶色黑。悉不宜茶。

译文

碗，越州（今浙江绍兴）产的好，鼎州（今陕西泾阳）产的差，婺州（今浙江金华）产的差；岳州（今湖南岳阳）产的好，寿州（今安徽寿县）、洪州产的差。

有的人认为邢州（今河北邢台）产的比越州产的好，其实不是这样。如果说邢州产的瓷像银，那么越州产的瓷就像玉，这是邢州产的瓷不如越州产的瓷的第一点。如果说邢州产的瓷像雪，那么越州产的瓷就像冰，这是邢州产的瓷不如越州产的瓷的第二点。邢州产的瓷白，而使茶汤的颜色红，越州产的瓷青，而使茶汤的颜色绿，这是邢州产的瓷不如越州产的瓷的第三点。

西晋杜毓在《荈赋》中说过“器择陶拣，出自东瓯”。瓯，就是指越州。瓯，越州产的好，口子的边不卷，底子卷边而且浅，容量不超过半升。

越州产的瓷、岳州产的瓷都是青色，青色有利于显出茶汤的颜色，茶汤显出白红。邢州产的瓷白，茶汤是红色。寿州产的瓷黄，茶汤是紫色。洪州产的瓷褐，茶汤是黑色。这些都不适合盛茶汤。

畚

畚，以白蒲卷而编之，可贮碗十枚。或用筥。其纸帊，以剡纸夹缝令方。亦十之也。

译文

畚，将白蒲草卷起来编织而成，可存放十个碗。

有的用筥替代。与它配套的纸帊，用两张剡纸（即前文剡藤纸）夹起来，缝成方形。也可以存放十只碗。

札

札，缉栟榈皮，以茱萸木夹而缚之。或截竹，束而管之，若巨笔形。

译文

札，将棕榈树的皮分成细条，用茱萸木夹上，扎起来。有的截一段竹子，捆上棕榈树皮分成的细条，像一杆大毛笔。

涤方

涤方，以贮涤洗之余，用楸木合之，制如水方，受八升。

译文

涤方，用来存放洗涤的脏水，用楸木拼合制成，制作方法像水方一样，容量八升。

滓方

滓方，以集诸滓，制如涤方，处五升。

译文

滓方，用来收集各种渣滓，制作方法像涤方一样，容量五升。

巾

巾，以絁布为之，长二尺。

作二枚，互用之，以洁诸器。

译文

巾，用粗绸布制成，长二尺。

制作两块，交替使用，用来清洁各种器具。

具列

具列，或作床，或作架。

或纯木、纯竹而制之，或木法竹。

黄黑可扃而漆者。

长三尺，阔二尺，高六寸。

具列者，悉敛诸器物，悉以陈列也。

译文

具列，有的制作成床形，有的制作成架子形。

有的纯用木头制成，有的纯用竹子制成，有的两者兼用。

漆成黄黑色，有门可开关。

长三尺，宽二尺，高六寸。

之所以叫它具列，是因为可以存放、摆设全部器物。

林榭煎茶图（局部） 明·文徵明

都篮

都篮，以悉设诸器而名之。

以竹篾，内作三角方眼；外以双篾阔者经之，以单篾纤者缚之，递压双经作方眼，使玲珑。

高一尺五寸（底阔一尺、高二寸），长二尺四寸，阔二尺。

译文

都篮，因能装下全部器具而得名。

用竹篾编织，里面编成三角形或方形的眼；外面用两条宽篾竖排，用一条细篾横着绑在上面，交替压在竖排的两道宽篾上，编成方眼，使它精巧细致。

都篮高一尺五寸（底宽一尺、高二寸），长二尺四寸，宽二尺。

茶诗词

四

美人尝茶行

唐·崔珏

云鬟枕落困春泥，玉郎为碾瑟瑟尘。

闲教鹦鹉啄窗响，和娇扶起浓睡人。

银瓶贮泉水一掬，松雨声来乳花熟。

朱唇啜破绿云时，咽入香喉爽红玉。

明眸渐开横秋水，手拨丝篁醉心起。

台时却坐推金筝，不语思量梦中事。

译文

美人如云的头发落在枕头上，春天里睡意盎然；情郎碾碎茶叶，像绿宝石。

悠闲地让鹦鹉啄窗户，请她起床；他扶起娇态可掬、酣睡的她。

用银质的瓶子装起一瓶泉水，水沸后声音像下雨与松涛，沫饽泛起。

红唇品茶如咬破绿云的时候，茶汤已咽进喉咙，红润的肌肤畅快舒适。

明亮的眼睛渐渐睁开，像秋天的水横流；用手拨弄乐器，音乐声令人心醉。

一会儿推开金色的筝静坐，沉默不语，想念梦中的事情。

看花回·茶词

北宋·黄庭坚

夜永兰堂醺饮，半倚颓玉。

烂熳坠钿堕履，是醉时风景，花暗烛残。

欢意未阑，舞燕歌珠成断续。

催茗饮、旋煮寒泉，露井瓶窦响飞瀑。

纤指缓、连环动触。

渐泛起、满瓯银粟。

香引春风在手，似粤岭闽溪，初采盈掬。

暗想当时，探春连云寻篁竹。

怎归得，鬓将老，付与杯中绿。

调琴啜茗图（局部） 北宋·佚名

译文

夜深时在厅堂中畅饮，醉后半躺，如玉山倾颓。

坦率随性，金钿坠下，鞋子掉落，是喝醉时的情景，这时灯光暗淡，蜡烛将要燃尽。

欢乐的兴致没有满足，舞姿如飞燕，歌声如圆珠，时断时续。

催着饮茶、旋即煮清洌的泉水，像在没有盖的井中或空瓶中瀑布飞响。

纤细的手指缓缓地动作，一个接着一个。

泡沫渐渐地泛起来，满瓯都是银色的粟米。

香味引领着春风，将茶叶拿在手里，像在粤地山岭与闽地溪水之间，第一次采摘到双手满满。

悄悄地回想当时，探寻春天，在云雾之间寻找篁竹。

怎么回去后，鬓发将白，把身心交给杯中的绿茶。

五之煮

凡炙茶，慎勿于风烬间炙，熛焰如钻，使炎凉不均。

持以逼火，屡其翻正，候炮（〔原注〕普教反）出培塿，状虾蟆背，然后去火五寸。卷而舒，则本其始，又炙之。

若火干者，以气熟止；日干者，以柔止。

译文

凡是烤饼茶，小心不要在通风的余火上烤，因为火焰会像锥子，使饼茶冷热不均匀。

拿着饼茶靠近火，不停地翻动正面、反面，等炮（〔原注〕读音用“普”“教”反切）炙出突起，像蛤蟆背上的小疙瘩，然后离开火五寸继续炮炙。当卷曲的饼茶又伸展开，就按照先前烤茶的方法，再烤。

如果饼茶是用火烤干的，以烤到水汽蒸发完为止；如果是用太阳晒干的，以烤到柔软为止。

其始，若茶之至嫩者，蒸罢热捣，叶烂而牙笋存焉。假以力者，持千钧杵亦不之烂。如漆科珠，壮士接之，不能驻其指。及就，则似无穰骨也。炙之，则其节若倪倪，如婴儿之臂耳。既而，承热用纸囊贮之，精华之气无所散越。

候寒末之（〔原注〕末之上者，其屑如细米；末之下者，其屑如菱角）。

译文

制茶开始的时候，如果是非常嫩的茶叶，蒸完后乘热捣，叶子烂了，但茶芽还在。如果将这件事交给力气很大的人，他拿着非常重的杵也捣不烂它。这就像圆滑的漆树种子（轻而小），强壮的人接它反而接不住。捣好后，就像没有茶梗。这时再烤饼茶，就会柔软得如同婴儿的手臂。一会儿烤好了，趁热用纸袋装起来，它的香气就没有散失。

等天气冷了，再碾成末（〔原注〕上等的末，碎屑像细米；下等的末，碎屑像菱角）。

其火用炭，次用劲薪（〔原注〕谓桑槐桐枥之类也）。

其炭，曾经燔炙，为膻腻所及，及膏木败器，不用之（〔原注〕膏木，为柏桂桧也。败器，谓朽废器也）。古人有“劳薪之味”，信哉！

译文

烤饼茶的火用木炭，差一点的用火力强的柴（〔原注〕指桑木、槐木、桐木、枥木之类的枝干）。

曾经烹煮过肉，沾染了膻腥、油腻的炭，以及膏木、败器，都不要用（〔原注〕膏木，指柏木、桂木、桧木。败器，指腐朽、败坏的器具）。古人有“劳薪之味”（用旧的木制器具烧煮食物，会有怪味）的说法，确实如此啊！

浒溪草堂图（局部） 明·文徵明

其水，用山水上，江水中，井水下（〔原注〕《荈赋》所谓“水则岷方之注，挹彼清流”）。

其山水，拣乳泉、石地慢流者上。其瀑涌湍漱，勿食之。久食，令人有颈疾。又多别流于山谷者，澄浸不泄。自火天至霜郊以前，或潜龙畜毒于其间。饮者，可决之，以流其恶，使新泉涓涓然，酌之。

其江水，取去人远者。井取汲多者。

译文

煮茶的水，用山水最好，江水中等，井水最差（〔原注〕《荈赋》中所说的“水则岷方之注，挹彼清流”）。

那些山水，选取乳泉、石地缓慢流动的水最好。那些倾泻、涌出、湍急、冲刷的水，不要饮用。长期喝这种水，会使人颈部出现疾病。还有多个支流汇合在山谷里的水，虽然澄清，但不流动。从热天到霜降以前，或许有蛇鳖之类动物的毒素暗含在其中。喝这种水，应该挖开缺口，让毒素流走，使新的泉水涓涓流来，然后饮用。

那些江水，到距离人远的地方取。井水，在有很多人汲水的井中取。

其沸，如鱼目，微有声，为一沸；缘边如涌泉连珠，为二沸；腾波鼓浪，为三沸。已上，水老，不可食也。

初沸，则水合量，调之以盐味。谓弃其啜余（〔原注〕啜，尝也。市税反，又市悦反）。无乃䵷鑑而钟其一味乎（〔原注〕上，古暂反。下，吐滥反。无味也）？第二沸，出水一瓢，以竹筴环激汤心，则量末当中心而下。有顷，势若奔涛溅沫，以所出水止之，而育其华也。

译文

水煮沸，出现像鱼眼的小泡，有轻微的响声，称为“一沸”；边缘出现像涌泉接连不断地冒珠子一样，称为“二沸”；出现水波翻腾，称为“三沸”。再继续煮，水的味道就差，不能饮用。

开始沸腾的时候，就按照水的量，放盐调味。再舀水品尝，把品尝后剩下的水倒掉（〔原注〕啜，就是品尝。读音用“市”“税”反切，也可用“市”“悦”反切）。不要因为没有味道而加盐过多，否则，岂不就成了特别喜欢盐这一种味道了吗（〔原注〕䵷，读音用“古”“暂”反切。鑑，读音用“吐”“滥”反切。䵷鑑，是没有味道的意思）？第二沸时，舀出一瓢水，用竹筴在沸水的中心转圈搅动，用则量取茶末，从漩涡的中心倒下。过一会儿，水的样子像波涛翻滚，水沫飞溅，把刚才舀出的水倒进去，使水不再沸腾，从而保持水面生成的沫饽。

凡酌，置诸碗，令沫饽均（〔原注〕《字书》并《本草》：饽，均茗沫也。蒲笏反）。

沫饽，汤之华也。华之薄者曰沫，厚者曰饽，细轻者曰花。如枣花漂漂然于环池之上；又如回潭曲渚，青萍之始生；又如晴天爽朗，有浮云鳞然。其沫者，若绿钱浮于水渭，又如菊英堕于镈俎之中。饽者，以滓煮之，及沸，则重华累沫，皤皤然若积雪耳。《荈赋》所谓"焕如积雪，烨若春藪"，有之。

译文

凡是喝的时候，舀到碗里，让沫饽均匀（〔原注〕《字书》与《本草》：饽，就是茶沫。读音使用"蒲""笏"反切）。

沫饽是茶汤的"华"。薄的"华"叫沫，厚的"华"叫饽，细轻的叫花。它们像枣花在圆形的池塘上漂浮，又像回环曲折的水潭、绿洲间新生的浮萍，又像明朗痛快的晴天中的鱼鳞状浮云。沫，好像青萍漂浮在水边，又像菊花落进杯盘中。饽，用煮茶的渣滓再煮，到沸腾时，水面上就会出现层层叠叠的沫，白白的像积雪一样。《荈赋》中所说的"焕如积雪，烨若春藪"（明亮像积雪，灿烂像春花），真是这样。

第一煮，水沸而弃其沫，之上有水膜，如黑云母，饮之则其味不正。

其第一者为隽永（〔原注〕徐县、全县二反。至美者曰隽永。隽，味也。永，长也。史长曰隽永，《汉书》：蒯通著《隽永》二十篇也）。或留熟以贮之，以备育华救沸之用。

诸第一与第二第三碗，次之第四第五碗，外，非渴甚莫之饮。

凡煮水一升，酌分五碗（〔原注〕碗数，少至三，多至五。若人多至十，加两炉）。乘热连饮之，以重浊凝其下，精英浮其上。如冷，则精英随气而竭。饮啜不消，亦然矣。

译文

第一次煮，水沸腾的时候，把沫倒掉，沫的上面有一层水膜，像黑云母一样，如果饮用，味道不好。

之后，舀出的第一碗水，称为隽永（〔原注〕“隽”读音用“徐”“县”或“全”“县”两种反切。极其美好称为隽永。隽，就是味道。永，就是长久。历史长久称为隽永，《汉书》：蒯通著有《隽永》二十篇）。或者存放在“熟盂”里，用来养育沫饽、止沸。

第一碗与第二碗、第三碗为好，第四碗、第五碗差一些，除这些之外，要不是渴得太厉害，就不要喝。

凡是煮一升水，按量分成五碗（〔原注〕碗数，少可以三碗，多可以五碗。如果人数多达十人，加两炉）。趁热接着喝完。因为浓重浑浊的物质凝聚在下面，精华的浮在上面，茶汤一冷，精华就随热气消失了。喝太多，也同样不好。

茶性俭，不宜广，则其味黯澹。且如一满碗，啜半而味寡，况其广乎！

其色缃也，其馨欽也（〔原注〕香至美曰欽。欽，音使）。

其味甘槚也。不甘而苦，荈也；啜苦咽甘，茶也（〔原注〕一本云：其味苦而不甘，槚也；甘而不苦，荈也）。

译文

茶的性质俭约，不宜放水多，水多了，它的味道就淡薄。就像一满碗茶，喝了一半，味道就淡了，何况加水多了呢！

茶汤的颜色浅黄，香气四溢（〔原注〕极其香称为欽。欽，读“使”音）。

茶汤的味道又甜又苦。不甜而苦的，是荈；饮的时候苦，咽的时候甜，是茶（〔原注〕有一个版本说：茶汤的味道苦而不甜的是槚，味道甜而不苦的是荈）。

茶诗词

五

饮茶歌诮崔石使君

唐·释皎然

越人遗我剡溪茗，采得金芽爨金鼎。

素瓷雪色缥沫香，何似诸仙琼蕊浆。

一饮涤昏寐，情思爽朗满天地。

再饮清我神，忽如飞雨洒轻尘。

三饮便得道，何须苦心破烦恼。

此物清高世莫知，世人饮酒多自欺。

愁看毕卓瓮间夜，笑向陶潜篱下时。

崔侯啜之意不已，狂歌一曲惊人耳。

孰知茶道全尔真，唯有丹丘得如此。

玉洞仙源图（局部） 明·仇英

译文

越地（今浙江绍兴）人送给我剡溪茶，采摘嫩黄色的茶芽，放在铜鼎里煮。

像雪一样的白瓷碗里漂着青色的沫饽，香气四溢，多么像神仙的琼浆玉液。

第一杯，洗去昏寐，情绪心思明快开朗，充满天地。

第二杯，清洁我的神志，像忽然降下的大雨洒向尘土。

第三杯，就得道解脱，不须费尽心思去除烦恼。

这个东西的清高世间没人知道，世人喝酒大多是自欺欺人。

毕卓贪图喝酒，夜里宿在酒瓮边难堪；陶潜在东篱下作《饮酒诗》让人笑。

崔使君喝酒过多之时，放声歌唱一曲令人吃惊。

谁能知道饮茶可得道，得到道的全和真，只有传说中的仙人丹丘子了解这个。

玉洞仙源图（局部） 明·仇英

水调歌头·咏茶

南宋·白玉蟾

二月一番雨，昨夜一声雷。

枪旗争展，建溪春色占先魁。

采取枝头雀舌，带露和烟捣碎，炼作紫金堆。

碾破香无限，飞起绿尘埃。

汲新泉，烹活火、试将来。

放下兔毫瓯子，滋味舌头回。

唤醒青州从事，战退睡魔百万，梦不到阳台。

两腋清风起，我欲上蓬莱。

译文

二月下了一场雨，昨夜响起一声雷。

似枪的芽、似旗的叶争相生长，建溪（在今福建）春天的景色占据第一位。

采摘枝头的似雀舌的嫩芽，在它带着露水、沾着水汽时捣碎，焙烤好后，像紫色金子堆在一起。

碾成细末，香气无穷无尽；细末飞起，像绿色的尘埃。

取来新鲜的泉水，用大火煮、试着品尝。

放下兔毛制的茶帚、茶盏，味道在舌头上回荡。

从醉酒中唤醒，击退百万个睡魔，梦里没有到巫山神女所在的阳台。

两腋有清凉的风吹起，我像要飞上蓬莱山。

六之饮

翼而飞，毛而走，呿而言，此三者俱生于天地间，饮啄以活。饮之时义，远矣哉！

至若救渴，饮之以浆；蠲忧忿，饮之以酒；荡昏寐，饮之以茶。

译文

禽鸟有翅膀而飞翔，兽类有毛而奔跑，人开口而说话，这三者都生在天地之间，依靠饮水、吃东西来生存。喝饮的意义，真是深远啊！

至于为了解渴，就要饮水；为了消除忧虑悲愤，就要饮酒；为了清除昏沉瞌睡，就要饮茶。

茶之为饮，发乎神农氏，闻于鲁周公。齐有晏婴，汉有扬雄、司马相如，吴有韦曜，晋有刘琨、张载、远祖纳、谢安、左思之徒，皆饮焉。滂时浸俗，盛于国朝。两都并荆俞间，以为比屋之饮。

译文

茶作为饮料，开始于神农氏，到周公旦时被大家知道。春秋时齐国有晏婴，汉朝有扬雄、司马相如，三国时吴国有韦曜，晋朝有刘琨、张载、陆纳、谢安、左思等人，都爱饮茶。后来逐渐成为风气，到我唐朝时达到极盛。西安、洛阳两个都城和荆州（今湖北荆州）、巴渝（今重庆）之间，家家户户饮茶。

饮有粗茶、散茶、末茶、饼茶者。

乃斫，乃熬，乃炀，乃舂。

贮于瓶缶之中，以汤沃焉，谓之痷茶。

或用葱、姜、枣、橘皮、茱萸、薄荷之等，煮之百沸。或扬令滑，或煮去沫。斯沟渠间弃水耳，而习俗不已。

译文

饮用的茶有粗茶、散茶、末茶、饼茶。

将饼茶砍碎、煎炒、烤干、捣细，然后煮饮。

将茶的细末存放在瓶子、瓦罐里，用开水冲泡，叫作“痷茶”。

有的用葱、姜、枣、橘皮、茱萸、薄荷之类的配料，与茶一起反复煮沸。或者扬起茶汤，使它变顺滑；或者煮好后，把茶汤上的沫饽去掉。这样的茶汤无异于倒在沟渠里的废水，但这么做的习俗一直没有停止。

于戏！天育万物，皆有至妙；人之所工，但猎浅易。所庇者屋，屋精极；所着者衣，衣精极；所饱者饮食，食与酒皆精极之。茶有九难：一曰造，二曰别，三曰器，四曰火，五曰水，六曰炙，七曰末，八曰煮，九曰饮。阴采

夜焙非造也，嚼味嗅香非别也，膻鼎腥瓯非器也，膏薪庖炭非火也，飞湍壅潦非水也，外熟内生非炙也，碧粉缥尘非末也，操艰搅遽非煮也，夏兴冬废非饮也。

译文

啊！上天生养万物，都有极其精妙的地方，人们擅长的，只是涉猎肤浅容易的。住的是房屋，房屋精致极了；穿的是衣服，衣服精美极了；填饱肚子的是饮食，食物和酒都精细极了。但是，茶却有九点难处：一是采制，二是鉴别，三是器具，四是用火，五是水质，六是烘烤，七是捣末，八是烹煮，九是品饮。阴天采摘，夜间烘焙，不是正确的采制；口嚼尝味，鼻闻辨香，不是恰当的鉴别；沾染膻气的锅与沾染腥气的盆，不是适合的器具；有油脂的柴与烤过肉的炭，不是合适的燃料；用急流的水或停滞的积水，不是恰当的用水；烤得外面熟、里面生，不是正确的烘烤；捣成绿色的细粉末，不是正确的捣末；操作不熟练，搅动太急，不是恰当的烹煮；夏天喝，而冬天不喝，是饮用不当。

夫珍鲜馥烈者，其碗数三；次之者，碗数五。

若坐客数，至五行三碗，至七行五碗。若六人已下，不约碗数，但阙一人而已，其隽永补所阙人。

译文

稀罕、新鲜、香浓、味醇的茶，一炉煮的只有三碗；差一些的是五碗。

如果饮茶客人的数量，达到五人，就舀出三碗传着喝；达到七人，就舀出五碗传着喝。如果是六人以下（意为坐客为六人），不限制碗数（意为按照五人那样舀三碗），只是缺少一个人的罢了，那就用“隽永”来补充所缺的。

茶诗词

采茶歌

唐·秦韬玉

天柱香芽露香发，烂研瑟瑟穿荻篾。

太守怜才寄野人，山童碾破团团月。

倚云便酌泉声煮，兽炭潜然虬珠吐。

看著晴天早日明，鼎中飒飒筛风雨。

老翠看尘下才熟，搅时绕箸天云绿。

耽书病酒两多情，坐对闽瓯睡先足。

洗我胸中幽思清，鬼神应愁歌欲成。

译文

天柱山（在今安徽）茶芽带着露水的香气长出，研磨细碎制成如碧绿宝石般的茶饼，用荻绳、竹篾穿起来。

太守怜爱人才，将茶饼寄给隐居在山野之人；童仆将像圆月一样的茶饼碾碎。

就舀取泉水，倚着云彩、傍着泉声煮茶；似兽形的炭暗暗地燃烧，水沸似龙吐珠。

看着早晨天气转晴，太阳明亮；鼎中水沸声阵阵，如风雨摇动的声音。

看到筛出深绿色茶末放进水里，很快煮好，搅拌时绕动茶箸，茶沫像天上绿色的云。

沉迷于书籍、有酒瘾是两件多情的事，面对灵秀的山川而坐，先睡足一觉。

醒后饮茶将我心中的情思洗涤清洁，采茶歌即将写成，鬼神应该发愁。

行香子·茶词

北宋·苏轼

绮席才终，欢意犹浓。

酒阑时、高兴无穷。

共夸君赐，初拆臣封。

看分香饼，黄金缕，密云龙。

斗赢一水，功敌千钟。

觉凉生、两腋清风。

暂留红袖，少却纱笼。

放笙歌散，庭馆静，略从容。

玉川煮茶图（局部） 明·丁云鹏

译文

丰盛的宴席刚刚结束，欢乐的意兴还很浓厚。

即将结束饮酒时，快乐没有穷尽。

一起夸奖皇帝赏赐的茶，然后才拆开封口。

看着芳香的茶饼分开，是用金黄色的线捆扎的，原来是叫“密云龙”的茶。

因为少一条水痕而赢了斗茶，作用超过千杯美酒。

饮过后觉得凉爽滋生，两腋有清凉的风。

暂时挽留美人，稍稍地挪开灯笼。

放下笙管，歌声散去，厅堂院落安静下来，这才略微地放松。

七之事

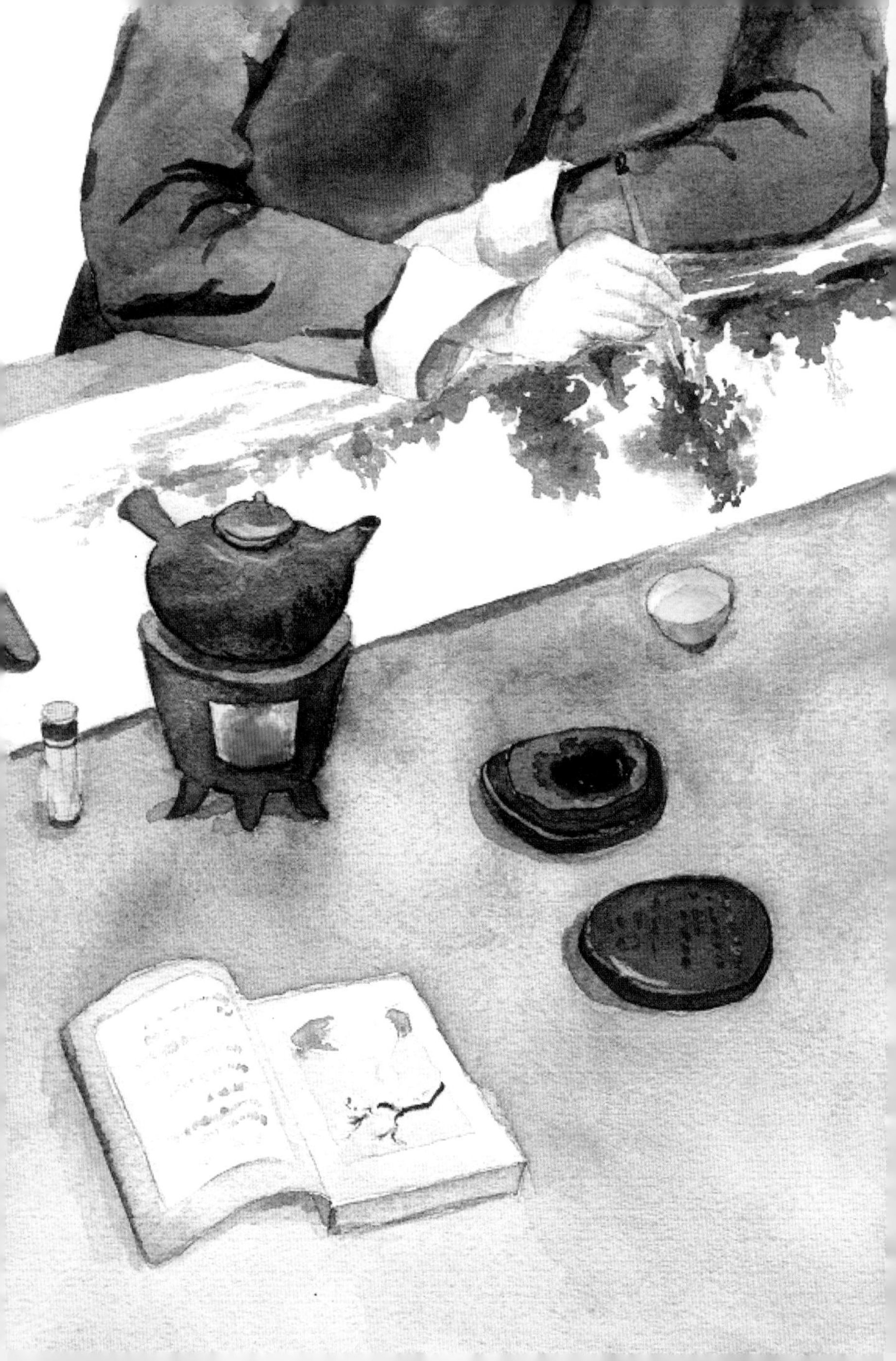

三皇炎帝神农氏。周鲁周公旦。齐相晏婴。汉仙人丹丘子黄山君。司马文园令相如。扬执戟雄。吴归命侯。韦太傅弘嗣。晋惠帝。刘司空琨。琨兄子、兖州刺史演。张黄门孟阳。傅司隶咸。江洗马统。孙参军楚。左记室太冲。陆吴兴纳。纳兄子、会稽内史俶。谢冠军安石。郭弘农璞。桓扬州温。杜舍人毓。武康小山寺释法瑶。沛国夏侯恺。余姚虞洪。北地傅巽。丹阳弘君举。乐安任育长。宣城秦精。敦煌单道开。剡县陈务妻。广陵老姥。河内山谦之。后魏琅琊王肃。宋新安王子鸾。鸾弟、豫章王子尚。鲍昭妹令晖。八公山沙门谭济。齐世祖武帝。梁刘廷尉。陶先生弘景。皇朝徐英公勣。

译文

“三皇”之一的炎帝，又称神农氏。西周鲁周公周公旦。春秋时齐国国相晏婴。汉朝仙人、被称为丹邱子的黄山君。汉朝文园令司马相如。汉朝执戟扬雄。三国时吴国归命侯孙皓。三国时吴国太傅韦宏嗣（韦曜）。西晋晋惠帝。东晋司空刘琨。刘琨侄子、衮州刺史刘演。西晋黄门侍郎张孟阳（张载）。西晋司隶校尉傅咸。西晋太子洗马江统。西晋参军孙楚。西晋记室督左太冲（左思）。东晋吴兴

（今浙江湖州）太守陆纳。陆纳侄子、会稽内史陆俶。东晋冠军将军谢安石（谢安）。东晋弘农太守郭璞。东晋扬州太守桓温。西晋舍人杜毓。武康（今浙江德清）小山寺僧人释法瑶。沛国（今安徽淮北）人夏侯恺。余姚（今浙江余姚）人虞洪。北地郡（晋时治所在泥阳，今属甘肃宁县）人傅巽。丹阳人弘君举。乐安郡（在今山东博兴、广饶一带）人任育长（任瞻）。宣城（今安徽宣城）人秦精。敦煌（今甘肃敦煌）人单道开。剡县陈务的妻子。广陵（今江苏扬州）一名老妇人。河内郡（治所在今河南沁阳）人山谦之。后魏琅琊郡（治所在今山东临沂）人王肃。南朝宋新安王刘子鸾。刘子鸾弟弟、豫章王刘子尚。鲍照的妹妹鲍令晖。八公山（在今安徽淮南）僧人谭济。南朝齐世祖武皇帝。南朝梁廷尉卿刘孝绰。南朝梁陶弘景先生。我唐朝英国公徐勣。

《神农食经》:"茶茗久服,令人有力、悦志。"

译文

《神农食经》说:"长期饮茶,使人有力气、精神愉悦。"

周公《尔雅》：“槚，苦荼。”

《广雅》云：“荆巴间采叶作饼。叶老者，饼成以米膏出之。欲煮茗饮，先炙令赤色，捣末置瓷器中，以汤浇覆之，用葱、姜、橘子芼之。其饮醒酒，令人不眠。”

㊣译㊣文

周公《尔雅》说：“槚，是苦茶。”

《广雅》说：“荆州、巴州（辖境约为今四川东部）一带，采茶叶制成茶饼。叶子老的，制成茶饼后，用米汤浸泡它。想煮茶喝时，先烤茶饼，让它呈现红色，捣成碎末，放在瓷器里，用开水浸泡，用葱、姜、橘子与它一起煮。喝了可以醒酒，让人不想睡觉。”

《晏子春秋》：“婴相齐景公时，食脱粟之饭，炙三戈五卵，茗菜而已。”

译文

《晏子春秋》说：“晏婴担任齐景公的国相时，吃的是糙米做的饭，烤一些禽鸟、蛋，除此以外只饮茶、吃野菜罢了。”

司马相如《凡将篇》：“乌喙、桔梗、芫华、款冬、贝母、木、蘗、蒌、芩、草、芍药、桂、漏芦、蜚廉、雚菌、荈诧、白敛、白芷、菖蒲、芒消、莞、椒、茱萸。”

译文

司马相如《凡将篇》说：“草乌头、桔梗、芫花、款冬花、贝母、木香、黄柏、瓜蒌、黄芩、甘草、芍药、肉桂、漏芦、蟑螂、雚芦、荈茶、白蔹、白芷、菖蒲、芒硝、茵芋、花椒、茱萸。”

《方言》：“蜀西南人谓茶曰葭。”

译文

《方言》（扬雄）说：“蜀地西南地区的人把茶叶称为葭。”

《吴志·韦曜传》：“孙皓每飨宴坐席，无不率以七胜为限。虽不尽入口，皆浇灌取尽。曜饮酒不过二升。皓初礼异，密赐茶荈以代酒。”

译文

《吴志·韦曜传》说：“孙皓每次设宴席，规定

每个人都要喝七升酒。虽然有人喝不完，也都要倒在酒杯里取完。韦曜饮酒不超过二升。孙皓当初特别礼待他，悄悄地赐给他茶来代替酒。”

《晋中兴书》：“陆纳为吴兴太守，时卫将军谢安常欲诣纳（〔原注〕《晋书》云纳为吏部尚书）。纳兄子俶怪纳无所备，不敢问之，乃私蓄十数人馔。安既至，所设唯茶果而已。俶遂陈盛馔，珍羞必具。及安去，纳杖俶四十，云：‘汝既不能光益叔父，奈何秽吾素业？’”

㊟㊞ 译文

《晋中兴书》说：“陆纳担任吴兴太守，当时卫将军谢安常想拜访他（〔原注〕《晋书》说陆纳担任吏部尚书）。陆纳的侄子陆俶埋怨他没什么准备，但不敢问他，于是私下准备了十几个人的酒食。谢安来了后，陆纳摆出的只有茶和果品而已。陆俶于是摆上丰盛的酒食，各种珍奇名贵的食物都有。等到谢安走后，陆纳打了陆俶四十棍，说：‘你既然不能给叔父增加光彩，为什么又破坏我清白的操守呢？’”

《晋书》：“桓温为扬州牧，性俭，每燕饮，唯下七奠，拌茶果而已。”

译文

《晋书》说：“桓温担任扬州太守时，性情俭约，每次宴会，只摆设七个盘子的食物，辅以茶、水果而已。”

《搜神记》：“夏侯恺因疾死。宗人字苟奴，察见鬼神。见恺来收马，并病其妻。著平上帻，单衣入，坐生时西壁大床，就人觅茶饮。”

译文

《搜神记》说：“夏侯恺因为生病去世。有一个族人叫苟奴，能看见鬼神。他看见夏侯恺来取马匹，让他的妻子生了病。夏侯恺戴着平上帻（古时一种平顶的冠饰），穿着单衣走进屋子，坐到活着时常坐的靠西墙的大床榻上，向人要茶喝。”

刘琨《与兄子南兖州刺史演书》云："前得安州干姜一斤、桂一斤、黄芩一斤，皆所须也。吾体中溃闷，常仰真茶，汝可置之。"

译文

刘琨在《与兄子南兖州刺史演书》〔给哥哥的儿子、南衮州（今江苏镇江）刺史刘演的信〕中说："前些天得到安州（辖境在今四川、云南一带）干姜一斤、肉桂一斤、黄芩一斤，都是我需要的。我内心烦闷，常常依靠好茶来解决，你可购买一些。"

傅咸《司隶教》曰："闻南方有蜀妪作茶粥卖，为帘事打破其器具。又卖饼于市。而禁茶粥以困蜀姥，何哉?"

译文

傅咸《司隶教》说："听说南方蜀地有一个老婆婆，做茶粥卖，器具被帘事（或为官职名）打烂了。后来她又在街市上卖饼。禁止卖茶粥为难她，为什么呢?"

惠山茶会图（局部） 明·文徵明

《神异记》：“余姚人虞洪入山采茗，遇一道士牵三青牛。引洪至瀑布山，曰：‘予丹丘子也。闻子善具饮，常思见惠。山中有大茗，可以相给。祈子他日有瓯牺之余，乞相遗也。’因立奠祀。后常令家人入山，获大茗焉。”

译文

《神异记》说：“余姚人虞洪进山采茶，遇到一个道士牵着三头青牛。他领着虞洪来到瀑布山，说：‘我是丹邱子。听说你善于煮茶，常想喝你煮的茶。山中有大茶树，可以供你采摘。希望你日后把瓯、牺中多余的茶，送给我喝。’于是虞洪设奠祭祀。后来常叫家人进山，果然找到大茶树。”

左思《娇女诗》：“吾家有娇女，皎皎颇白皙。小字为纨素，口齿自清历。有姊字惠芳，眉目粲如画。驰骛翔园林，果下皆生摘。贪华风雨中，倏忽数百适。心为茶荈剧，吹嘘对鼎鬲。”

译文

左思诗作《娇女诗》说：“我家有一个宝贝女儿，长得很白净。小名叫纨素，口齿清晰。她有一

个姐姐名叫蕙芳，容貌美如画。在园林中奔跑穿行，果子未熟就摘下。爱花不顾风雨，快速地跑进跑出数百次。看见煮茶心里激动，对着鼎吹气。”

张孟阳《登成都楼》诗云：“借问杨子舍，想见长卿庐。程卓累千金，骄侈拟五侯。门有连骑客，翠带腰吴钩。鼎食随时进，百和妙且殊。披林采秋橘，临江钓春鱼。黑子过龙醢，果馔逾蟹蝑。芳茶冠六清，溢味播九区。人生苟安乐，兹土聊可娱。”

译文

张孟阳诗作《登成都楼》说：“请问扬雄的住处在哪里，司马相如的居所又是什么样子？昔日程郑、卓王孙两家积累了千万的财富，骄纵奢侈比得上权贵之家。门前的客人接连不断，腰间系着绿色的缎带，佩挂名贵的吴钩宝刀。山珍海味随时能吃到；百味调和，精妙而且独特。秋天走进树林中采摘柑橘，春天在江边钓鱼。水果胜过用鱼虾肉做的酱，果品、菜肴胜过用螃蟹做的酱。四川的香茶在各种饮品中堪称第一，四溢的美味传遍天下。如果人生只是苟且地寻求安乐，那么成都这个地方是可以让人们享乐的。”

傅巽《七诲》："蒲桃、宛柰、齐柿、燕栗、峘阳黄梨、巫山朱橘、南中茶子、西极石蜜。"

译文

傅巽《七诲》说："隰县的桃子，南阳的苹果，山东的柿子，河北的栗子，恒阳的黄梨，巫山的红橘，南中（包括今天的云南、贵州与四川的部分地区）的茶叶，西域的冰糖。"

弘君举《食檄》：寒温既毕，应下霜华之茗，三爵而终，应下诸蔗、木瓜、元李、杨梅、五味、橄榄、悬钩、葵羹各一杯。

译文

弘君举《食檄》说："见面问候之后，应该饮用浮有像霜花一样的白沫的茶，三杯结束，接着应该摆出甘蔗、木瓜、元李、杨梅、五味子、橄榄、山莓、葵菜羹各一杯。"

孙楚《歌》："茱萸出芳树颠，鲤鱼出洛水泉，白盐出河东，美豉出鲁渊，姜、桂、茶荈出巴蜀。椒、橘、木兰出高山，蓼、苏出沟渠，精稗出中田。"

译文

孙楚《歌》说："茱萸结在芳香的树的顶上，鲤鱼产在洛河的水中，白盐产在河东地区（今山西南部），美味的豆豉产在山东。生姜、肉桂、茶产在巴蜀地区（今四川盆地及附近地区）。花椒、红橘、木兰长在高山，蓼草、紫苏长在沟渠，精米长在田里。"

华佗《食论》："苦荼久食，益意思。"

译文

华陀《食论》说："长期饮用苦味的茶，有益于思考。"

壶居士《食忌》："苦荼久食，羽化。与韭同食，令人体重。"

译文

壶居士《食忌》说："长期饮用苦味的茶，身体轻盈像神仙飞天。茶与韭菜同时吃，使人增加体重。"

山水图（局部） 宋·佚名

郭璞《尔雅注》云："树小似栀子，冬生，叶可煮羹饮。今呼早取为茶，晚取为茗。或一曰荈，蜀人名之苦荼。"

译文

郭璞《尔雅注》说："茶树矮小，像栀子树，冬天不凋零，叶子可煮羹喝。现在把早春采摘的叫茶，晚春采摘的叫茗。有的叫荈，蜀地的人叫它苦荼。"

《世说》："任瞻，字育长，少时有令名，自过江失志。既下饮，问人云：'此为茶为茗？'觉人有怪色，乃自分明云：'向问饮为热为冷？'"

译文

《世说新语》说："任瞻，字育长，年轻时有好的名声，自从过江之后就神志不清。有一次宴后饮茶，他问人说：'这是茶，还是茗？'说完发现别人有奇怪的表情，于是自己解释说：'刚才问茶是热的，还是冷的？'"

《续搜神记》：“晋武帝宣城人秦精，常入武昌山采茗。遇一毛人长丈余，引精至山下，示以丛茗而去。俄而复还，乃探怀中橘以遗精。精怖，负茗而归。”

译文

《续搜神记》说：“晋武帝时，宣城人秦精，经常进武昌山（在今湖北鄂州）采茶。一次遇到一个毛人，有一丈多高。他带着秦精到山下，把一丛丛茶树指给他看，然后就离开了。过了一会儿，他又回来，从怀中掏出橘子送给秦精。秦精害怕，背着茶叶就回家了。”

《晋四王起事》：“惠帝蒙尘，还洛阳，黄门以瓦盂盛茶上至尊。”

译文

《晋四王起事》说：“晋惠帝流亡在外，回到洛阳时，黄门侍郎用瓦盂盛茶献给他喝。”

《异苑》：“剡县陈务妻，少与二子寡居，好饮茶茗。以宅中有古冢，每饮，辄先祀之。二子患之，曰：‘古冢何知？徒以劳。’意欲掘去之，母苦禁而止。其夜梦一人云：‘吾止此冢三百余年，卿二子恒欲见毁，赖相保护，又享吾佳茗，虽潜壤朽骨，岂忘翳桑之报？’及晓，于庭中获钱十万，似久埋者，但贯新耳。母告，二子惭之，从是祷馈愈甚。”

译文

《异苑》说：“剡县陈务的妻子，年轻时带着两个儿子守寡，喜欢饮茶。因为住处有一座古墓，所以每次饮茶时，就先祭祀。两个儿子担心这件事，说：‘一个古墓知道什么？白费力气。’想把墓挖走。母亲苦苦劝阻，两人才罢休。当天夜里，母亲梦见一个人说：‘我住在这座墓里三百多年，你的两个儿子总想毁掉它，全靠你的保护，又用好茶祭奠我，我虽然是埋在地下的死人，但怎么能忘恩不报呢？’天亮后，母亲在院子里看到了十万枚钱币，像埋了很久，只有穿钱的绳子是新的。母亲把这件事告诉两个儿子，两个儿子都很惭愧，从此祈祷、祭奠比以前更加庄重。”

《广陵耆老传》：“晋元帝时有老姥，每旦独提一器茗，往市鬻之，市人竞买。自旦至夕，其器不减，所得钱散路傍孤贫乞人。人或异之，州法曹絷之狱中，至夜，老姥执所鬻茗器，从狱牖中飞出。”

㊟㊫

《广陵耆老传》说：“晋元帝时，有一位老妇人，每天早晨独自提着一罐茶到街市上卖，街市上的人争相买着喝。从早到晚，罐里的茶不减少。她把得到的钱施舍给路旁的孤儿、穷人、乞丐。有的人觉得奇怪，向官府报告，州里执法的官员把她捆起来，关进监狱。到了夜晚，老妇人提着卖茶的罐子，从监狱的窗户中飞出去了。”

《艺术传》：“敦煌人单道开不畏寒暑，常服小石子。所服药有松、桂、蜜之气，所余茶、苏而已。”

㊟㊫

《艺术传》说：“敦煌人单道开不怕冷、不怕热，经常服食小石子，所服的药有松树、肉桂、蜂蜜的香气，此外只是饮茶、吃紫苏罢了。”

释道该说《续名僧传》："宋释法瑶姓杨氏，河东人。元嘉中，过江遇沈台真，请真居武康小山寺，年垂悬车，饭所饮茶。永明中，敕吴兴礼致上京，年七十九。"

译文

释道该称《续名僧传》中说："南朝宋时僧人释法瑶，姓杨，河东人。元嘉年间，过江遇到沈台真，邀请他住在武康小山寺，他年纪很老，用饮茶当吃饭。永明年间，皇帝命令吴兴官员隆重地把他送进京城，当时他七十九岁。"

宋《江氏家传》："江统，字应元，迁愍怀太子洗马，常上疏谏云：'今西园卖醯、面、蓝子、菜、茶之属，亏败国体。'"

译文

南朝宋《江氏家传》说："江统，字应元，担任愍怀太子（晋惠帝司马衷之子司马遹）洗马（辅佐太子的官职）。曾经上疏规劝说：'现在西园（在今河北临漳）卖醋、面、蓝子、菜、茶之类的东西，有损国家体面。'"

品茶图（局部） 明·佚名

《宋录》：“新安王子鸾、豫章王子尚，诣昙济道人于八公山。道人设茶茗，子尚味之曰：‘此甘露也，何言茶茗？’”

译文

《宋录》说：“新安王刘子鸾、豫章王刘子尚，到八公山拜访昙济道人（前文为‘沙门谭济’）。道人设茶招待两人，刘子尚尝了尝，说：‘这是甜美的露水啊，怎么说是茶呢？’”

王微《杂诗》：“寂寂掩高阁，寥寥空广厦。待君竟不归，收领今就槚。”

译文

王微《杂诗》说：“寂静无声，关上高阁的门；空虚冷清，大厦空空荡荡。等待您，您却不回来；收起衣领，现在去饮茶解愁。”

鲍昭妹令晖著《香茗赋》。

译文

鲍照的妹妹鲍令晖创作了《香茗赋》。

南齐世祖武皇帝遗诏："我灵座上，慎勿以牲为祭，但设饼、果、茶饮、干饭、酒、脯而已。"

译文

南齐世祖武皇帝(即齐武帝)的遗诏说:"供奉我的灵座上,千万不要用牛、羊等祭品,只需摆上面饼、果品、茶水、干饭、酒、肉干就行。"

梁刘孝绰《谢晋安王饷米等启》："传诏李孟孙宣教旨，垂赐米、酒、瓜、笋、菹、脯、酢、茗八种。气苾新城，味芳云松。江潭抽节，迈昌荇之珍。疆埸擢翘，越葺精之美。羞非纯束野麏，裛似雪之驴。鲊异陶瓶河鲤，操如琼之粲。茗同食粲，酢类望柑。免千里宿舂，省三月种聚。小人怀惠，大懿难忘。"

译文

南朝梁刘孝绰《谢晋安王饷米等启》中说："传达诏命的李孟孙君带来了您（指晋安王）的告谕，赏赐给我米、酒、瓜、笋、腌菜、肉干、醋、茶八种食品。香气飘新城（今浙江杭州新登），香味像连云的松树。江边初生的竹笋，胜过菖蒲、荇菜之类的美食。田地里苗壮成长的瓜菜，超越好上加好的美味。

美味的不是包裹的野獐肉，而是用像雪一样的白茅捆束的干驴肉。腌鱼超过陶瓶装的河鲤，做得像晶莹的大米。茶像吃大米一样有益，醋似看到柑一样令人开胃。（食品如此丰盛）使我在远行千里时，既不用准备粮食，也省去聚积三个月的粮食。我记着您的恩惠，不忘您的大德。”

陶弘景《杂录》：“苦茶轻换膏，昔丹丘子、青山君服之。”

译文

陶弘景《杂录》说：“苦茶使人轻身换骨，从前丹丘子、青山君饮用它。”

《后魏录》：“琅琊王肃仕南朝，好茗饮、莼羹。及还北地，又好羊肉、酪浆。人或问之：‘茗何如酪？’肃曰：‘茗不堪与酪为奴。’”

译文

《后魏录》说：“琅琊郡人王肃在南朝做官，喜欢喝茶、吃莼菜羹。等回到北方后，又喜欢吃羊肉、喝羊奶。有人问他：‘茶和奶比，怎么样？’王肃说：‘茶不能忍受给奶做奴仆。’”

《桐君录》：“西阳、武昌、庐江、晋陵好茗，皆东人作清茗。茗有饽，饮之宜人。凡可饮之物，皆多取其叶。天门冬、拔揳取根，皆益人。又巴东别有真茗茶，煎饮令人不眠。俗中多煮檀叶并大皂李作茶，并冷。又南方有瓜芦木，亦似茗，至苦涩，取为屑茶，饮亦可通夜不眠。煮盐人但资此饮。而交、广最重，客来先设，乃加以香芼辈。”

译文

《桐君录》说：“西阳（今湖北黄冈）、武昌（今属湖北）、庐江（今属安徽）、晋陵（今江苏常州）一带的人喜欢饮茶，都是主人准备好清茶招待客人。茶汤表面有沫饽，喝了对人有好处。凡能作饮料的植物，大都用它们的叶子。天门冬、菝葜却是用它们的根，都对人有好处。另外，巴东（今属湖北）还有一种真茗茶，煮了喝使人不想睡觉。民间很多人用檀叶与大皂李叶一起煮成茶汤，两者的性质都冷。南方还有瓜芦树也像茶，极其苦涩，采摘后制成末，煮成茶汤，喝了也能整夜不想睡觉。煮盐的人就靠喝这种饮料。交州（辖境包括今越南的部分地区，中国广东、广西的部分地区）、广州一带的人最重视它，客人来了，先用它招待，还加香茅一类的东西。”

《坤元录》：“辰州溆浦县西北三百五十里无射山，云蛮俗当吉庆之时，亲族集会，歌舞于山上。山多茶树。”

译文

《坤元录》说：“辰州溆浦县西北三百五十里有一座山叫无射山，传说当地人有一种风俗，遇到吉利喜庆的时候，家族聚会，在山上唱歌跳舞。山上有很多茶树。”

《括地图》：“临遂县东一百四十里有茶溪。”

译文

《括地图》说：“在临遂县（今湖南衡东）以东一百四十里，有一处茶溪。”

山谦之《吴兴记》：“乌程县西二十里有温山，出御荈。”

译文

山谦之《吴兴记》说：“在乌程县（今浙江湖州）以西二十里有一座山叫温山，出产进贡皇帝的茶。”

《夷陵图经》：“黄牛、荆门、女观、望州等山，茶茗出焉。”

译文

《夷陵图经》说：“黄牛山（在今湖北宜昌北）、荆门山（在今湖北宜昌东南）、女观山（在今湖北宜都西北）、望州山（在今湖北宜昌西）等地，出产茶叶。”

《永嘉图经》：“永嘉县东三百里有白茶山。”

译文

《永嘉图经》说：“在永嘉县（今浙江温州）以东三百里有一座山叫白茶山。”

《淮阴图经》：“山阳县南二十里有茶坡。”

译文

《淮阳图经》说：“在山阳县（今江苏淮安）以南二十里有一个地方叫茶坡。”

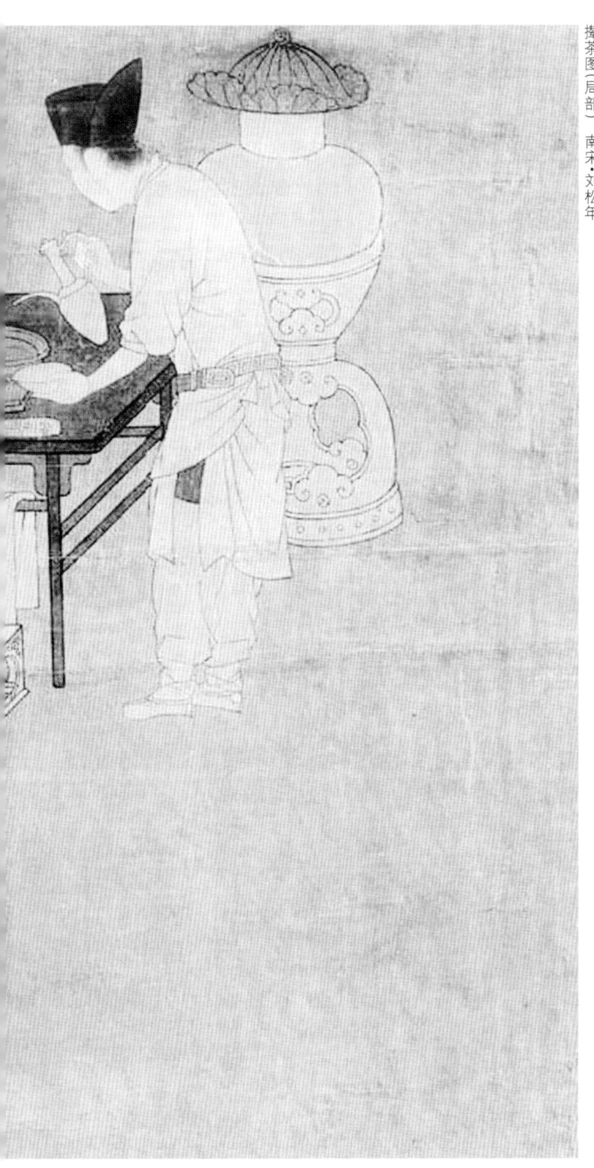

撵茶图（局部） 南宋·刘松年

《茶陵图经》云："茶陵者，所谓陵谷生茶茗焉。"

译文

《茶陵图经》说："茶陵（湖南茶陵）这个名字，就是深谷中生长着茶的意思。"

《本草·木部》："茗，苦茶，味甘苦，微寒，无毒。主瘘疮，利小便，去痰渴热，令人少睡。秋采之苦，主下气消食。注云：'春采之。'"

译文

《本草·木部》说："茗，又叫苦茶。味道甘苦，性质微寒，没有毒。主治瘘疮，利尿，除痰、解渴、祛热，使人少睡觉。秋天采摘的味道苦，主治下气消食。注释说：'要春天采摘它。'"

《本草·菜部》:“苦荼,一名荼,一名选,一名游冬。生益州川谷、山陵、道旁,凌冬不死。三月三日采,干。注云:‘疑此即是今茶,一名荼,令人不眠。’”

㊟㊡

《本草·菜部》说:“苦荼,又叫荼,又叫选,又叫游冬。生长在益州(治所在今四川成都)的河谷、山岳和路旁,经过冬天也不死。每年三月三日采摘,弄干。注释说:‘可能这就是现在的茶,又叫荼,喝了让人不想睡觉。’”

《本草》注:“按:《诗》云‘谁谓荼苦’,又云‘堇荼如饴’,皆苦菜也。陶谓之苦茶,木类,非菜流。茗,春采谓之苦𣗪(〔原注〕途遐反)。”

㊟㊡

《本草》注:“说明:《诗经》说‘谁谓荼苦’,又说‘堇荼如饴(堇菜、荼像糖一样甜)’,指的都是苦菜。陶弘景说的苦茶,是木本植物,不是菜类。茗,春天采摘的叫苦𣗪(〔原注〕读音用‘途’‘遐’反切)。”

《枕中方》："疗积年瘘：苦茶、蜈蚣并炙，令香熟，等分，捣、筛。煮甘草汤洗，以末傅之。"

译文

《枕中方》说："治疗多年的瘘疾：把苦茶、蜈蚣一起烤熟，烤到成熟散发香气，分成相等的两份，捣成碎末、筛选。一份加甘草煮水洗，一份外敷。"

《孺子方》："疗小儿无故惊蹶：以苦茶、葱须煮服之。"

译文

《孺子方》说："治疗小孩不明原因的惊厥：用苦茶、葱的须根煮水服用。"

茶诗词

茶坞

唐·皮日休

闹寻尧氏山，遂入深深坞。

种荈已成园，栽葭宁记亩。

石洼泉似掬，岩罅云如缕。

好是夏初时，白花满烟雨。

译文

在喧扰之中寻找尧氏人家的山，于是走进茶树浓密的深处。

种植茶树已经形成茶园，栽的茶树很多，怎么记得有多少亩？

石池里泉水聚积，好像能捧起来；山岩的缝隙中，云彩像线一样。

好的是初夏的时候，白色的茶花开满在细雨中。

撵茶图（局部） 南宋·刘松年

斗茶歌

北宋·范仲淹

年年春自东南来，建溪先暖冰微开。

溪边奇茗冠天下，武夷仙人从古栽。

新雷昨夜发何处，家家嬉笑穿云去。

露芽错落一番荣，缀玉含珠散嘉树。

终朝采掇未盈襜，唯求精粹不敢贪。

研膏焙乳有雅制，方中圭兮圆中蟾。

北苑将期献天子，林下雄豪先斗美。

鼎磨云外首山铜，瓶携江上中泠水。

黄金碾畔绿尘飞，碧玉瓯中雪涛起。

斗茶味兮轻醍醐，斗茶香兮薄兰芷。

其间品第胡能欺，十目视而十手指。

胜若登仙不可攀，输同降将无穷耻。

吁嗟天产石上英，论功不愧阶前蓂。

众人之浊我可清，千日之醉我可醒。

屈原试与招魂魄，刘伶却得闻雷霆。

卢仝敢不歌，陆羽须作经。

森然万象中，焉知无茶星？

商山丈人休茹芝，首阳先生休采薇。

长安酒价减千万，成都药市无光辉。

不如仙山一啜好，泠然便欲乘风飞。

君莫羡花间女郎只斗草，赢得珠玑满斗归。

译文

每一年春天都从东南方来，建溪首先温暖，冰冻渐渐地化开。

溪旁边神奇的茶天下第一，是武夷山的仙人在古时候栽种的。

昨夜第一声春雷出自哪里，家家户户笑闹着穿过云雾去采茶。

带着露水的茶芽交错排列，一派茂盛，像点缀玉石、含着珍珠一样，散落在茶树间。

整天采摘没有装满围裙，因为追求精华纯美而不敢贪图量多。

研磨成团、烘焙茶芽有典范的标准，方形的茶像圭，圆形的茶像圆月。

北苑茶正要准备献给天子，山林间英雄豪杰先用它比赛美丽争输赢。

在山极高处将用首山（具体地址说法不一）铜制成的鼎擦洗干净，用瓶子装来中泠泉（在今江苏镇江）的泉水。

金黄色的茶碾旁，绿色的茶末飞扬；碧玉做的瓯中，雪一样的茶汤扬起。

斗茶味道胜出，连醍醐都轻视；斗茶香气胜出，连兰草、芷草都看不起。

其中的名次怎么能欺骗呢？一切都在众目睽睽之下。

获胜者像登上仙界，别人不能攀登；失败者像降将，感到没有穷尽的耻辱。

啊呀！上天让岩石上长出好茶；评定功用不差于台阶前的瑞草。

有了好茶，众人都浑浊，只有我清澈；人生都迷醉，我可以清醒。

有了好茶，可以尝试给屈原招回魂魄，可以让醉酒的刘伶恰好能听到雷霆而清醒。

有了好茶，卢仝不敢不歌唱，陆羽必须写进《茶经》。

参差遍布的万事万物中，怎么知道没有茶星呢？

商山四皓不要吃灵芝草，伯夷叔齐不要采摘薇菜。

有了好茶，长安酒的价格减少千万钱，成都药市凋敝无光。

不如到仙山饮茶好，感觉清爽，就想乘风飞翔。

你不要羡慕花丛间女子仅仅斗茶，就能赢到满满一斗的珠宝回家。

八之出

山南以峡州上（〔原注〕峡州，生远安、宜都、夷陵三县山谷），襄州、荆州次（〔原注〕襄州，生南郑县山谷；荆州，生江陵县山谷），衡州下（〔原注〕生衡山、茶陵二县山谷），金州、梁州又下（〔原注〕金州，生西城、安康二县山谷；梁州，生襄城、金牛二县山谷）。

㊀译文

山南道（治所在今湖北襄阳）的茶，以峡州（今湖北宜昌）产的为最好（〔原注〕峡州的茶，生长在远安、宜都、夷陵三县的山谷中），襄州（今湖北襄阳）、荆州产的次之（〔原注〕襄州的茶，生长在南郑县的山谷中；荆州的茶，生长在江陵县的山谷中），衡州（今湖南衡阳）产的差一些（〔原注〕生长在衡山、茶陵两县的山谷中），金州（今陕西安康）、梁州（今陕西汉中）的又差一些（〔原注〕金州的茶，生长在西城、安康两县的山谷中；梁州的茶，生长在襄城、金牛两县的山谷中）。

淮南以光州上（〔原注〕生光山县黄头港者，与峡州同），义阳郡、舒州次（〔原注〕生义阳县钟山者，与襄州同；舒州生太湖县潜山者，与荆州同），寿州下（〔原注〕盛唐县生霍山者，与衡山同也），蕲州、黄州又下（〔原注〕蕲州，生黄梅县山谷；黄州，生麻城县山谷。并与荆州、梁州同也）。

译文

淮南道的茶，以光州（今河南光山）产的为最好（〔原注〕生长在光山县黄头港的茶，与峡州茶的品质一样），义阳郡（今河南信阳）、舒州（今安徽怀宁）产的次之（〔原注〕生长在义阳县钟山的茶，与襄州茶的品质一样；舒州生长在太湖县潜山的茶，与荆州茶的品质一样），寿州（今安徽寿县）产的差一些（〔原注〕盛唐县生长在霍山的茶，与衡山茶的品质一样），蕲州（今湖北蕲春）、黄州（今湖北黄冈）产的又差一些（〔原注〕蕲州的茶，生长在黄梅县的山谷中；黄州的茶，生长在麻城县的山谷中。两者与荆州茶、梁州茶的品质一样）。

浙西以湖州上（〔原注〕湖州，生长城县顾渚山谷，与峡州、光州同；生山桑、儒师二寺，白茅山悬脚岭，与襄州、荆南、义阳郡同；生凤亭山、伏翼阁、飞云曲水二寺、啄木岭，与寿州、常州同；生安吉、武康二县山谷，与金州、梁州同），常州次（〔原注〕常州义兴县，生君山悬脚岭北峰下，与荆州同），宣州、杭州、睦州、歙州下（〔原注〕宣州生宣城县雅山，与蕲州同；太平县生上睦、临睦，与黄州同；杭州临安、于潜二县生天目山，与舒州同；钱塘生天竺、灵隐二寺，睦州生桐庐县山谷，歙州生婺源山谷，与衡州同），润州、苏州又下（〔原注〕润州江宁县生傲山，苏州长洲县生洞庭山，与金州、蕲州、梁州同）。

译文

浙西道的茶，以湖州（今浙江湖州）产的为最好（〔原注〕湖州的茶，生长在长城县顾渚的山谷中，与峡州、光州茶的品质一样；生长在山桑、儒师两座寺庙与白茅山悬脚岭的茶，与襄州、荆南、义阳郡茶的品质一样；生长在凤亭山、伏翼阁、飞云寺与曲水寺两座寺庙、啄木岭的茶，与寿州、常州茶的品质一样；生长在安吉、武康两县山谷中的茶，与金州、梁州茶的品质一样），常州产的次之

(〔原注〕常州义兴县的茶，生长在君山悬脚岭的北峰下面，与荆州茶的品质一样)，宣州、杭州、睦州(今浙江建德、桐庐、淳安一带)、歙州(今安徽黄山、宣城与江西婺源一带)产的差一些(〔原注〕宣州生长在宣城县雅山的茶，与蕲州茶的品质一样；太平县生长在上睦、临睦的茶，与黄州茶的品质一样；杭州临安、于潜两县生长在天目山的茶，与舒州茶的品质一样；钱塘生长在天竺寺、灵隐寺两座寺庙的茶，睦州生长在桐庐县山谷中的茶，歙州生长在婺源山谷中的茶，与衡州茶的品质一样)，润州(今江苏镇江)、苏州产的又差一些(〔原注〕润州江宁县生长在傲山的茶，苏州长洲县生长在洞庭山的茶，与金州、蕲州、梁州茶的品质一样)。

陶圃松菊图（局部） 清·吴渔山

剑南以彭州上（〔原注〕生九龙县马鞍山至德寺、堋口，与襄州同），绵州、蜀州次（〔原注〕绵州龙安县，生松岭关，与荆州同。其西昌昌明神泉县西山者，并佳。有过松岭者，不堪采。蜀州青城县，生丈人山，与绵州同。青城县有散茶、末茶），邛州次，雅州、泸州下（〔原注〕雅州百丈山、名山，泸州泸川者，与金州同也），眉州、汉州又下（〔原注〕眉州丹校县生铁山者，汉州绵竹县生竹山者，与润州同）。

译文

剑南道的茶，以彭州（今四川彭州）产的为最好（〔原注〕彭州的茶，生长在九龙县马鞍山至德寺、堋口，与襄州茶的品质一样），绵州（今四川绵阳）、蜀州（今四川崇州）产的次之（〔原注〕绵州龙安县的茶，生长在松岭关，与荆州茶的品质一样。它所属的西昌、昌明、神泉县西山的茶，都好。有越过松岭的茶，不值得采摘。蜀州青城县的茶，生长在丈人山，与绵州茶的品质一样。青城县有散茶、末茶），邛州（今四川邛崃）产的次之，雅州（今四川雅安）、泸州（今四川泸州）的差一些（〔原注〕雅州百丈山、名山的茶，泸州泸川的茶，与金州茶的品质一样），眉州（今四川眉山）、汉州（今四川广汉）又差一些（〔原注〕眉州丹校县生长在铁山的茶，汉州绵竹县生长在竹山的茶，与润州茶的品质一样）。

浙东以越州上（〔原注〕余姚县生瀑布泉岭，曰仙茗。大者殊异，小者与襄州同），明州、婺州次（〔原注〕明州鄮县生榆荚村，婺州东阳县东白山，与荆州同），台州下（〔原注〕始丰县生赤城者，与歙州同）。

㊟㊫

译文

浙东道的茶，以越州产的为最好（〔原注〕余姚县的茶生长在瀑布泉岭，称为仙茗。大叶的茶极不相同，小叶的茶与襄州茶的品质一样），明州（今浙江宁波）、婺州产的次之（〔原注〕明州鄮县的茶生长在榆荚村，婺州东阳县的茶生长在东白山，与荆州茶的品质一样），台州（今浙江临海）产的差一些（〔原注〕始丰县生长在赤城山的茶，与歙州茶的品质一样）。

黔中，生恩州、播州、费州、夷州。

江南，生鄂州、袁州、吉州。

岭南，生福州、建州、韶州、象州（〔原注〕福州，生闽县方山之阴也）。

其思、播、费、夷、鄂、袁、吉、福、建、泉、韶、象十二州未详。往往得之，其味极佳。

㊟㊋

译文

黔中道的茶，生长在恩州（今贵州务川）、播州（今贵州遵义）、费州（今贵州德江）、夷州（今贵州石阡）。

江南道的茶，生长在鄂州（今湖北武昌）、袁州（今江西宜春）、吉州（今江西吉安）。

岭南道的茶，生长在福州、建州（今福建建瓯）、韶州（今广东曲江）、象州（今广西象州县）（〔原注〕福州的茶，生长在闽县方山的北边）。

对于思州、播州、费州、夷州、鄂州、袁州、吉州、福州、建州、泉州、韶州、象州这十二州的茶，具体情况不清楚。有时得到一些，味道极其好。

茶诗词

茶人

唐·陆龟蒙

天赋识灵草，自然钟野姿。
闲来北山下，似与东风期。
雨后探芳去，云间幽路危。
唯应报春鸟，得共斯人知。

译文

拥有认识茶这种仙草的天赋，天然就钟爱大自然的姿容。

悠闲的时候来到北山下，好像与春风有约定。

雨后去寻找茶香，深远僻静的山路高到云彩间。

只有报春鸟鸣叫着说春天来到，必须让茶人知道。

满庭芳·咏茶

北宋·米芾

雅燕飞觞，清谈挥麈，使君高会群贤。
密云双凤，初破缕金团。窗外炉烟自动。
开瓶试、一品香泉。
轻涛起，香生玉尘，雪溅紫瓯圆。

娇鬟，宜美盼，双擎翠袖，稳步红莲。
坐中客翻愁，酒醒歌阑。
点上纱笼画烛，花骢弄、月影当轩。
频相顾，余欢未尽，欲去且流连。

饮茶图（局部）南宋·佚名

译文

高雅的宴会举杯饮酒，在座位上谈论玄理、挥动拂尘，刺史与众贤人盛大聚会。

密云龙、双凤团，刚刚擘开缕金团。窗外炉子冒出的烟自在地飘动。

打开瓶子尝了尝，是一等泉水。

煮起微小的水波，香气飘扬、白色沫饽浮动，白雪般的水花溅到圆圆的紫色茶盏上。

佳人有美丽的环状发髻，映衬着黑白分明的美目，绿色袖子里的双手举着茶，脚步稳稳地走着。

在座的客人回忆愁怨，酒醒了，歌声结束。

点燃纱制的灯笼、有画饰的蜡烛，五花马玩耍，月影临窗。

客人们频频地相视，欢乐的兴致没有满足，想离开却舍不得。

九之略

其造、具，若方春禁火之时，于野寺山园，丛手而掇，乃蒸，乃舂，以火干之，则又棨、朴、焙、贯、棚、穿、育等七事皆废。

译文

关于茶叶的制造、工具，如果正值春季寒食节禁火的时候，在野外寺院或山中茶园，众人动手采摘，随即蒸，捣，用火烤干，那么棨、扑、焙、贯、棚、穿、育这七种工具都不需要。

其煮器，若松间石上可坐，则具列废。

译文

关于煮茶的用具，如果在松林之间有石头可以放置，那么具列就不需要。

用槁薪鼎铴之属，则风炉、灰承、炭挝、火筴、交床等废。

译文

如果用干柴草、鼎之类的烧水，那么风炉、灰承、炭挝、火筴、交床等就不需要。

若瞰泉临涧，则水方、涤方、漉水囊废。

译文

如果临近泉水、溪水，那么水方、涤方、漉水囊就不需要。

若五人已下，茶可末而精者，则罗废。

译文

如果是五人以下喝茶，茶能碾碎而且精细，那么罗筛就不需要。

若援藟跻岩，引絙入洞，于山口炙而末之，或纸包合贮，则碾、拂末等废。

译文

如果要爬藤攀岩，或者拉着粗绳进山洞，要在山口把茶烤好碾成末，或者用纸包，或者用盒装，那么碾、拂末等就不需要。

斗茶图（局部） 清·佚名

既瓢、碗、筴、札、熟盂、鹾簋悉以一筥盛之，则都篮废。

㊄㊅

如果把瓢、碗、筴、札、孰盂、鹾簋都用一个筥装起来，那么都篮就不需要。

但城邑之中，王公之门，二十四器阙一，则茶废矣。

㊄㊅

但是，在城市中，达官贵人的家里，如果二十四件器皿中缺少一件，那么就失去饮茶的雅兴了。

茶诗词

九

试院煎茶

北宋·苏轼

蟹眼已过鱼眼生，飕飕欲作松风鸣。

蒙茸出磨细珠落，眩转绕瓯飞雪轻。

银瓶泻汤夸第一，未识古人煎水意。

君不见，昔时李生好客手自煎，贵从活火发新泉。

又不见，今时潞公煎茶学西蜀，定州花瓷琢红玉。

我今贫病常苦饥，分无玉碗捧蛾眉。

且学公家作茗饮，砖炉石铫行相随。

不用撑肠拄腹文字五千卷，但愿一瓯常及睡足日高时。

译文

煮水成蟹眼样的气泡之后，出现鱼眼样的气泡，接着是飕飕的声音，像要似松涛一样鸣响。

拿出杂乱的茶叶研磨，像小珠子一样落下，茶汤围绕着茶瓯旋转，沫饽像飞雪一样轻快。

用银瓶倒茶汤夸奖为第一，这是不懂古人煮水的意思。

你没看见，以前李约喜好接待客人，自己亲手煮水，崇尚用明火煮新鲜的泉水。

又没看见，现在文彦博煮茶学习蜀地人，用定州（今河北定州）的花瓷盛如红玉般的茶汤。

我现在受贫穷生病饥饿磨难，没有机缘消受美人捧茶。

还是学公卿之家煮茶喝，带着砖炉、石瓢壶一起走。

用不着满腹的学问创作五千卷文字，只愿一瓯茶，经常能一直睡到太阳高升的时候。

斗茶图（局部） 明·唐寅

和子瞻煎茶

北宋·苏辙

年来病懒百不堪，未废饮食求芳甘。

煎茶旧法出西蜀，水声火候犹能谙。

相传煎茶只煎水，茶性仍存偏有味。

君不见，闽中茶品天下高，倾身事茶不知劳。

又不见，北方俚人茗饮无不有，盐酪椒姜夸满口。

我今倦游思故乡，不学南方与北方。

铜铛得火蚯蚓叫，匙脚旋转秋萤光。

何时茅檐归去炙背读文字，遣儿折取枯竹女煎汤。

译文

一年以来患了懒惰病，一事无成；饮食没有废弃，追求香甜的茶。

旧的煮茶方法出自蜀地，水的声音、火候还能熟知。

传说煮茶只是煮水，茶的特性仍然存在，特别有味道。

你没看见，闽地茶的等级在天下是高的，竭尽全力从事茶事，不知疲倦。

又没看见，北方人中没有人不喝茶，加盐、乳酪、花椒、生姜调味，满口夸赞。

我如今厌倦在外做官，思念故乡，不学习南方与北方喝茶的方式。

铜制的茶铛煮茶，火烧后像蚯蚓一样叫；用茶匙转动出沫饽，像秋天萤火虫发出的光。

什么时候回到茅屋中，一边晒着脊背耕种一边读书，让儿子弄来枯竹，你来煮茶汤。

十之图

南方之嘉木也 一尺 二尺乃至数十尺
山峡川 有两人合抱者伐而掇之

以绢素或四幅或六幅，分布写之，陈诸座隅，则茶之源、之具、之造、之器、之煮、之饮、之事、之出、之略，目击而存，于是《茶经》之始终备焉。

译文

用白绢四幅或六幅，分别把前面的内容写出来，摆设在坐位的旁边，那么茶的起源、采制工具、制作方法、制作器具、煮茶方法、饮茶方法、茶事的记载、产地、省略器具的方式，看到就记载下来，于是《茶经》全文的内容就完备了。

茶诗词

山泉煎茶有怀

唐·白居易

坐酌泠泠水，看煎瑟瑟尘。

无由持一碗，寄与爱茶人。

译文

坐着舀取清凉的水，看着煮细如尘土的碧色茶末。

端着一碗茶不用理由，将这份情感寄给爱茶的人。

人物图（局部） 明·陈洪绶

一字至七字诗·茶

唐·元稹

茶。

香叶，嫩芽。

慕诗客，爱僧家。

碾雕白玉，罗织红纱。

铫煎黄蕊色，碗转曲尘花。

夜后邀陪明月，晨前命对朝霞。

洗尽古今人不倦，将至醉后岂堪夸。

译文

茶。

芳香的叶子，鲜嫩的茶芽。

诗人仰慕，僧人喜爱。

用白玉雕成的碾磨，用红纱织成的罗筛。

用铫煮成黄色花蕊的颜色，在碗里击打、转成沫饽。

深夜请茶陪伴明月，清晨让茶对着朝霞。

古人今人喝茶洗尽铅华，不再疲倦；喝醉酒之后喝茶，岂能夸耀？

附录

茶具图赞

审安老人 著

《茶具图赞》是我国历史上第一部茶具图谱。作者用白描手法将流行于宋朝的十二种斗茶用具绘制成图，冠以姓、名、字、号，并按宋朝的官制附以职衔，合称为“十二先生”。

作者审安老人，真名董真卿，字季真，江西德兴人，宋末元初经学家。

韋鴻臚

名：文鼎，字：景旸，号：四窗闲叟

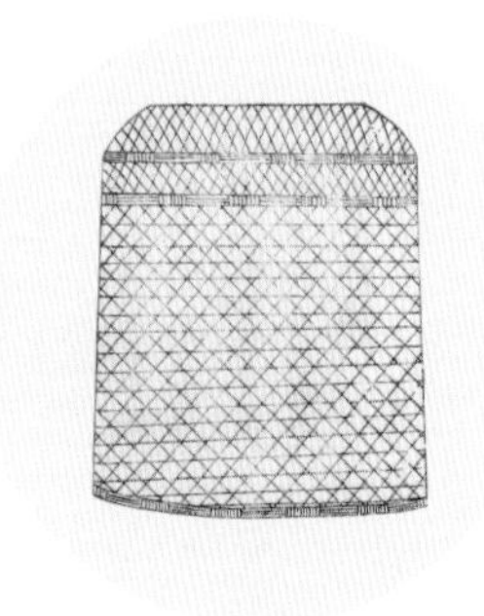

韦鸿胪

赞曰：祝融司夏，万物焦烁，火炎昆岗，玉石俱焚，尔无与焉。乃若不使山谷之英堕于涂炭，子与有力矣。上卿之号，颇着微称。

译文

评论说：祝融掌管夏天，夏天时各种物体都高温炙烫，大火焚烧昆仑山，玉和石都被烧毁，你不要参加了。不让山谷的精灵坠入烂泥和炭火中，你给予了力量。上卿的称号，很精妙恰当。

木待制

名：利济，字：忘机，号：隔竹居人

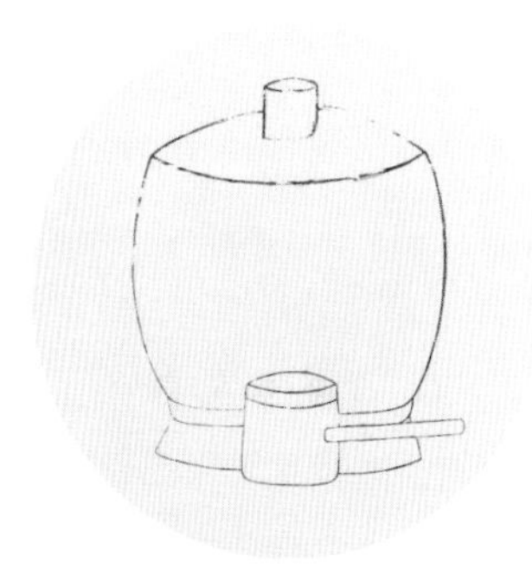

木待制

赞曰：上应列宿，万民以济。禀性刚直，摧折强梗，使随方逐圆之徒，不能保其身。善则善矣，然非佐以法曹、资之枢密，亦莫能成厥功。

评论说：与上天的星宿相应，百姓得到便利。本性刚强正直，折断强硬的东西，让方的、圆的东西不能保持自身。好是好，但是不用法曹辅助、枢密配合，也不能取得功劳。

曹瀿盒

名：研古、轹古，字：元锴、仲铿，

号：雍之旧民、和琴先生

金法曹

赞曰：柔亦不茹，刚亦不吐，圆机运用，一皆有法，使强梗者不得殊轨乱辙，岂不韪欤？

评论说：对柔软的不吃下去，对刚强的不吐出来。圆通机变，利用特性，完全都有法则。让强硬的东西不能离开轨道、扰乱痕迹，难道不是正确的吗？

運轉尼

名：凿齿，字：遄行，号：香屋隐君

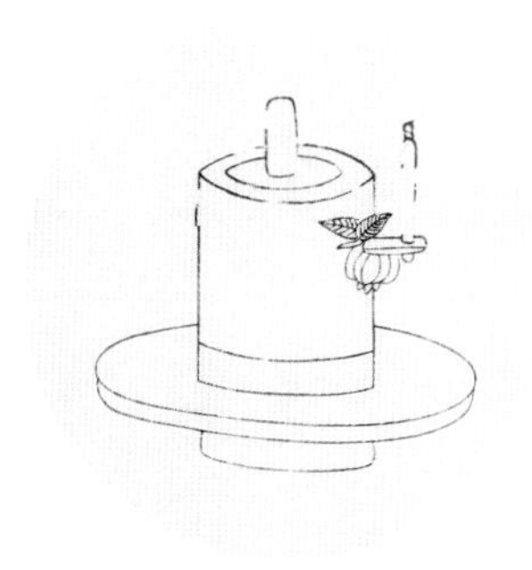

石转运

赞曰：抱坚质，怀直心。啖嚅英华，周行补怠。斡摘山之利，操漕权之重，循环自常，不舍正而适他，虽没齿无怨言。

评论说：有坚硬的质地，有笔直的中心。吞食精萃，运转不停。利用开山炼矿的便利，掌握漕运权力的重任，自然长久地循环，不舍弃正常的运转而且适应别的东西，虽齿槽被磨平，也无怨言。

胡員外

名：惟一，字：宗许，号：贮月仙翁

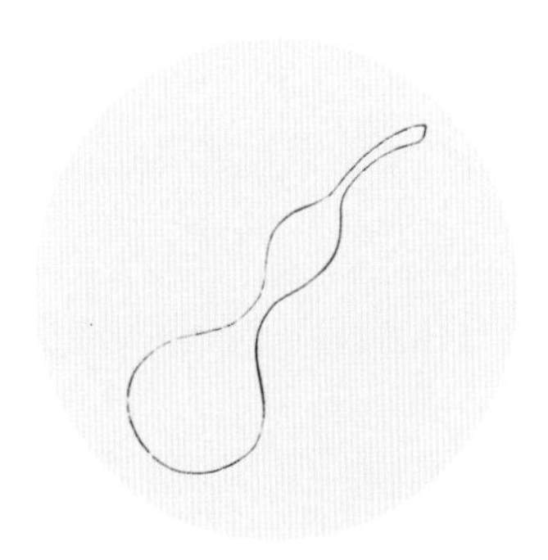

胡员外

赞曰：周旋中规而不逾其闲，动静有常而性苦其卓，郁结之患悉能破之，虽中无所有而外能研究，其精微不足以望圆机之士。

评论说：回旋符合要求，却不越界；动静持之以恒，本性劳苦而大有成就；心情郁闷的毛病全能破除；虽然中间什么也没有，但用外面能将茶研磨细碎；它精致细微不足以比得上圆通机变的东西。

羅樞密

名：若药，字：傅师，号：思隐寮长

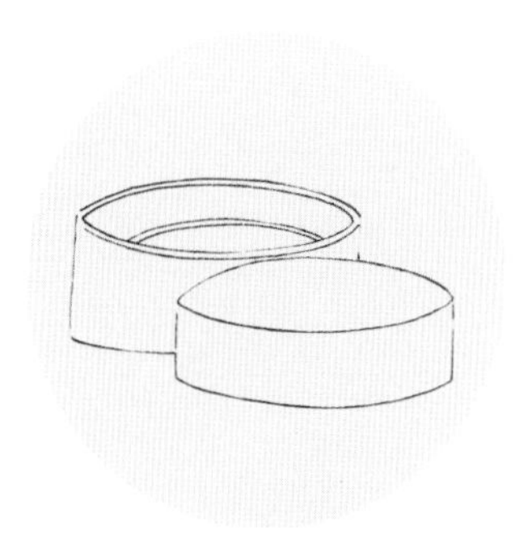

罗枢密

赞曰：几事不密则害成，今高者抑之，下者扬之，使精粗不致于混淆，人其难诸！奈何矜细行而事喧哗，惜之。

评论说：细微的事不能保密就会影响成功。现在向上的就压制它，向下的就往上举，让精细的与粗糙的不至于混淆，别人难道还会为难它们吗？无奈注重小事小节却动静大，爱惜它吧。

宗從事

名：子弗，字：不遗，号：扫云溪友

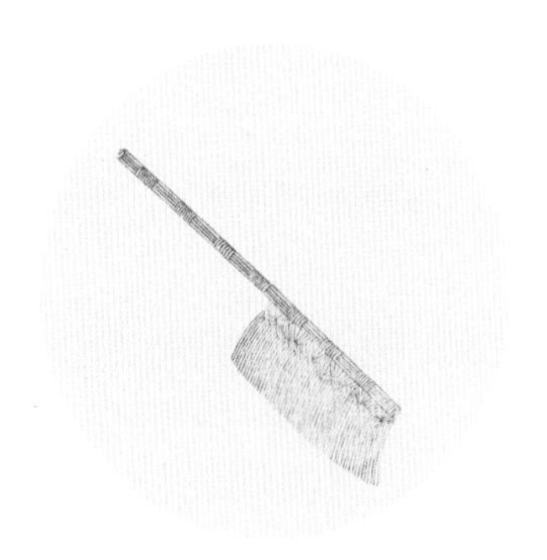

宗从事

赞曰：孔门高弟，当洒扫应对事之末者，亦所不弃，又况能萃其既散，拾其已遗，运寸毫而使边尘不飞，功亦善哉。

评论说：孔子门下优秀的弟子，面对洒水扫地这些细碎琐屑的事情，也不放弃。更何况能够收集已经散失的、拾取已经丢失的，使用茶帚的棕毛而使边缘的灰尘不飞扬，作用也很好啊。

漆雕秘閣

名：承之，字：易持，号：古台老人

漆雕秘阁

赞曰：危而不持，颠而不扶，则吾斯之未能信。以其弭执热之患，无坳堂之覆，故宜辅以宝文，而亲近君子。

评论说：摇晃着却不扶持，跌倒了却不搀扶，那么我对这些事还没有信心。用它消除拿着时热的危险，不会在堂上低洼处倾倒，所以应该用来辅助陶宝文，而给君子拿到近处使用。

陶寶文

名：去越，字：自厚，号：兔园上客

陶宝文

赞曰：出河滨二无苦窳，经纬之象，刚柔之理，炳其绷中，虚己待物，不饰外貌，位高秘阁，宜无愧焉。

评论说：出自河边却不粗糙劣质，条纹的形象，阴阳的形状，中间的纹路显著，放空自己等待他物，位置高高地在漆雕秘阁的上面，应该没有什么可惭愧的。

點提湯

名：发新，字：一鸣，号：温谷遗老

汤提点

赞曰：养浩然之气，发沸腾之声，中执中之能，辅成汤之能，斟酌宾主间，功迈仲叔圉，然未免外烁之忧，复有内热之患，奈何？

评论说：培养正大刚直的精神，出现沸腾的声音，符合不偏不倚的能力，辅佐成就开水的德行，在主客之间倒着饮用，功劳超过仲叔圉，然而不免有外面烫的担心，又有里面热的忧虑，怎么办？

帥副竺

名：善调，字：希点，号：雪涛公子

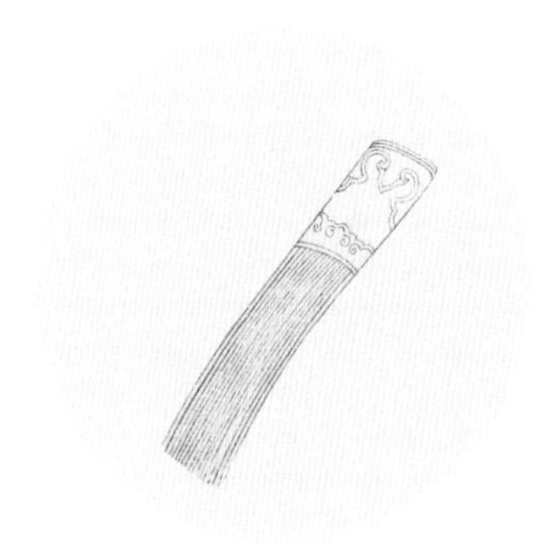

竺副帅

赞曰：首阳饿夫，毅谏于兵沸之时，方金鼎扬汤，能探其沸者几稀！子之清节，独以身试，非临难不顾者畴见尔。

评论说：首阳山饥饿的人，坚定地在出兵的时候进谏，正像把铜鼎里的开水舀起来，能够探求沸腾情况的很少！你高尚的节操，唯独亲身尝试，不是临难不顾的，谁能见到这样呢？

司職方

名：成式，字：如素，号：洁斋居士

司职方

赞曰：互乡之子，圣人犹且与其进，况瑞方质素经纬有理，终身涅而不缁者，此孔子之所以洁也。

评论说：风俗鄙陋之地的少年，圣人尚且鼓励他进步，何况方正朴素，条纹有形状，终身染不黑的，这就是孔子用它来清洁的原因。